● 畜奶营养特性知多少系列丛书

马乳
营养特性知多少？

YINGYANG TEXING ZHIDUOSHAO

■ MARU

张仕琦　臧长江　郑 楠 ◎ 主编

中国农业科学技术出版社

图书在版编目（CIP）数据

马乳营养特性知多少？/ 张仕琦，臧长江，郑楠主编. -- 北京：中国农业科学技术出版社，2025.8.
ISBN 978-7-5116-7568-2

Ⅰ. TS252.2

中国国家版本馆CIP数据核字第20255B42G3号

责任编辑	金　迪
责任校对	王　彦
责任印制	姜义伟　王思文

出 版 者	中国农业科学技术出版社
	北京市中关村南大街 12 号　　邮编：100081
电　　话	（010）82106625（编辑室）　（010）82106624（发行部）
	（010）82109709（读者服务部）
网　　址	https://castp.caas.cn
经 销 者	各地新华书店
印 刷 者	北京建宏印刷有限公司
开　　本	175 mm×225 mm　1/16
印　　张	7.25
字　　数	90 千字
版　　次	2025 年 8 月第 1 版　2025 年 8 月第 1 次印刷
定　　价	48.00 元

◥◣◣◣ 版权所有·侵权必究 ◢◢◢◤

《马乳营养特性知多少?》

编写人员

顾　　问	王　成	陈　勇	任红松	
主　　编	张仕琦	臧长江	郑　楠	
副 主 编	李凤鸣	刘建成	武亚婷	王富兰
	赵艳坤			

参编人员（按姓氏笔画排序）

马艺波	马建军	马宪兰	马锦陆
王　帅	王玉堂	王玮玮	师旭明
朱　宁	合尼古丽·吾斯曼		刘　莉
刘　燕	刘梦丽	刘慧敏	杨　飞
张红艳	阿娜尔古丽·加林		陈　贺
陈　晖	陈开旭	周晓诚	孟　璐
赵　楠	娄肖肖	郭同军	黄鑫鑫
崔　源	戴虹宇		

马乳，这一古老而珍贵的天然乳制品，其历史可追溯至约公元前 3500 年的欧亚草原北部。自古以来，马乳不仅是人类重要的营养来源，还承载着深厚的文化内涵和地域特色。在中国、蒙古国以及中亚等地，马乳及其发酵制品如酸马奶一直是当地居民饮食的重要组成部分，见证了人类与马匹之间悠久的情谊。随着历史的演进，马乳逐渐跨越了地域限制，成为全球范围内备受关注的健康食品。

在当今社会，随着人们健康意识的不断提升，对于食品的营养价值和健康功效的关注度也日益高涨。马乳作为一种低过敏、高营养价值的乳制品，逐渐受到更多消费者的青睐。它不仅富含蛋白质、不饱和脂肪酸、维生素和矿物质，还含有多种生物活性物质，如乳铁蛋白、溶菌酶等，这些成分对于增强人体免疫力、预防疾病具有重要意义。因此，人们对于马乳的认识不再仅仅停留于其传统的食用价值，而是更加关注其潜在的健康益处和科学研究。

当前，关于马乳的研究正在不断深入。科学家们通过现代技术手段，对马乳的营养成分、生物活性物质、加工特性以及健康功效进行了全面系统的研究。这些研究成果不仅揭示了马乳的独特魅力和巨大潜力，也为马乳产业的发展提供了有力的科学支撑。本书正是基于这些研究成果，系统介绍了马乳的营养特性、生产利用特征、感官及理化特性、蛋白质与脂肪组成、碳水化合物与矿物质及维生素组成等方面的内容，旨在为读者提供一份全面、翔实的马乳知识指南。

本书的出版，旨在为广大消费者、食品科研人员、乳制品从业者以及对马乳感兴趣的读者提供一个了解马乳、认识马乳的平台。通过本书的阅读，读者可以深入了解马乳的历史渊源、营养价值、健康功效以及现代研究进展，从而更好地认识和利用这一天然健康食品。同时，本书也希望为推动马乳产业的发展、促进马乳资源的合理开发利用贡献一份力量。

最后，由于编者水平有限，书中难免存在不足之处，恳请广大读者批评指正。

编著者

2025 年 5 月

目 录

1 概述 ………………………………………………………………… 1
2 马乳的生产和利用特征 …………………………………………… 5
   2.1 马乳的生产特征 …………………………………………… 7
   2.2 马乳的产品特征 …………………………………………… 10
3 马乳的感官特性和理化特性 ……………………………………… 15
   3.1 马乳的感官特性 …………………………………………… 16
   3.2 马乳的理化特性 …………………………………………… 18
4 马乳的蛋白质组成及其营养特性 ………………………………… 27
   4.1 马乳蛋白质的基本组成情况 ……………………………… 28
   4.2 不同畜种乳蛋白质组成对比 ……………………………… 29
   4.3 影响马乳蛋白质含量的因素 ……………………………… 30
   4.4 马乳蛋白质的营养特性 …………………………………… 32
5 马乳的乳脂组成及其营养特性 …………………………………… 35
   5.1 马乳的脂肪球大小和理化特性 …………………………… 36
   5.2 马乳的脂肪酸组成及其营养特性 ………………………… 40
   5.3 马乳的甘油三酯及其营养特性 …………………………… 48
   5.4 马乳中的磷脂及其营养特性 ……………………………… 54
   5.5 马乳中胆固醇的营养特性 ………………………………… 56

6 马乳的碳水化合物组成及其营养特性 ... 61
6.1 马乳的乳糖及其营养特性 ... 63
6.2 马乳中的寡糖及其营养特性 ... 66

7 马乳的矿物质组成及其营养特性 ... 69
7.1 马乳的矿物质组成 ... 70
7.2 影响马乳矿物质组成的因素 ... 71
7.3 马乳及其制品的矿物质营养特性 ... 72
7.4 马乳及其制品中矿物质的生理功能 ... 72
7.5 马乳及其制品的矿物营养特性 ... 73

8 马乳的维生素的组成及其营养特性 ... 75
8.1 马乳的维生素组成 ... 76
8.2 影响马乳维生素组成的因素 ... 77
8.3 马乳及其制品的维生素营养特性 ... 78
8.4 马乳中维生素含量的影响因素与加工特性 ... 79
8.5 马乳粉中维生素特征分析 ... 79

9 结语 ... 83
9.1 马乳的科学价值：营养与健康的完美结合 ... 84
9.2 马乳的文化意义：传统与现代的交汇 ... 85
9.3 马乳的市场现状与挑战：稀缺性与潜力并存 ... 85
9.4 马乳的未来展望：科学、文化与市场的融合 ... 86

参考文献 ... 88

1 概 述

马乳 营养特性 知多少？

目前，随着人们健康意识的不断提升，对于食品的营养价值和健康功效的关注度也日益高涨。在众多食品中，马乳这一独特的天然食品正逐渐走进大众视野。马乳不仅是一种传统的乳制品，更因其丰富的营养成分和潜在的健康作用，展现出巨大的价值和魅力。

马乳的利用历史悠久，最早可追溯至约公元前 3500 年的欧亚草原北部哈萨克斯坦的波泰文化时期，那时人类便开始驯养马匹并获取马乳。在中国，也有在商朝晚期的家马驯化饲养证据。如今，马乳的生产与消费主要集中在蒙古国、俄罗斯布里亚特和卡尔梅克、巴什科尔托斯坦、哈萨克斯坦、吉尔吉斯斯坦、塔吉克斯坦、乌兹别克斯坦、中国西藏和新疆等地。在蒙古国，牧民传统上在寒冷季节食用肉类，在温暖季节食用乳制品，其中，发酵马乳是最受欢迎的传统食品之一。近几十年来，马乳消费已扩展到欧洲的多个国家，如白俄罗斯、乌克兰、法国、比利时、德国、荷兰、挪威、奥地利、匈牙利和保加利亚等。据统计，马乳占世界乳产量的比例不到 0.1%。但马乳的产量和消费数据并不容易准确统计，因为大部分马乳可能在家庭内部自用。马乳不仅是一种食品，更蕴含着丰富的历史文化内涵，它见证了人类与马的深厚情谊，承载着不同地域、不同民族独特的饮食文化与生活方式。

与其他常见的乳制品相比，马乳具有独特的优势和稀缺性。首先，马乳的产量相对较低，这主要是由马的乳腺生物学特性以及马的繁殖和泌乳周期所决定的。马是季节性多情动物，怀孕期大约 11 个月，泌乳期一般在春季至秋季，持续 5～6 个月。同时，马的乳房容量较小，每次挤奶量有限，但可以通过增加挤奶次数来提高总产量。其次，马乳的营养成分与人乳相似，这使得马乳及其衍生产品不仅适合人类食用，而且对于人类健康具有重要意义。马乳的这些独特性使其在市场上具有较高的附加值，同时，也为马乳产业的发展提供了广阔的空间。

马乳富含多种对人体有益的营养成分，如优质蛋白质、不饱和脂肪酸、维生素、矿物质以及多种生物活性物质等。与牛乳和羊乳相比，马乳具有更低的酪蛋白含量和更高的乳清蛋白比例，以及更高的乳糖含量。马乳中的不饱和脂肪酸含量显著高于反刍动物乳，尤其是富含草料来源的 n-3 多不饱和脂肪酸，这对于维持人体健康具有重要作用。此外，马乳中的乳铁蛋白、溶菌酶等生物活性物质含量较高，具有抗菌、抗病毒、抗炎、抗氧化和免疫调节等多种功能，有助于增强人体免疫力，预防和治疗多种疾病。研究表明，马乳可能对治疗过敏性皮炎、改善皮肤状况、降低胆固醇摄入、控制心血管疾病等具有潜在的益处。

近年来，随着消费者对健康食品需求的不断增长，马乳的市场逐渐兴起。在一些传统消费马乳的国家和地区，如蒙古国、中亚各国等，马乳及其发酵制品一直是当地居民饮食的重要组成部分。而在欧洲等新兴市场，马乳的消费也呈现出逐渐上升的趋势。然而，由于马乳产量有限、生产成本较高以及消费者对其认知度较低等原因，马乳的市场潜力尚未得到充分挖掘。目前，马乳的消费形式多样，包括鲜奶、发酵奶、冻干粉、胶囊等，同时，也被广泛应用于化妆品等领域。马乳作为一种极具营养价值和健康潜力的天然食品，值得业内研究人员、相关企业研发人员及消费者深入了解和关注。随着人们对马乳营养价值和健康功效的深入了解以及马乳产业的不断发展和完善，马乳有望在未来成为一种备受瞩目的健康食品，在全球市场上占据一席之地。

2 马乳的生产和利用特征

马乳营养特性知多少？

中国马匹养殖历史悠久，尤其是在新疆、四川、内蒙古等西部和北部地区形成了主要的养殖基地（图2-1）。2023年统计数据显示，新疆和四川的马匹存栏量分别达到了975.9万头和921.1万头，这些地区的马匹养殖对全国马产业的贡献显著。从2014年至2023年，中国马匹年底头数呈现稳步增长，从9 007.3万头增至10 508.5万头，反映出马匹养殖业的稳定发展趋势。尽管具体马乳产量数据未在资料中明确，但随着马匹数量的增长，马乳产量也很可能呈现上升趋势，特别是在《全国马产业发展规划（2020—2025年）》的推动下，马乳和其他马产品产量和质量的提升被强调，预示着马乳产业的发展前景广阔。马乳的高营养价值和市场需求的增长，有望进一步推动马乳产业的繁荣，同时，也为乡村振兴和农牧民增收提供了新的动力。

图2-1 新疆伊犁马（图片由作者拍摄于中国新疆伊犁）

2 马乳的生产和利用特征

2.1 马乳的生产特征

马乳的生成与乳腺的结构紧密相关。马的乳腺由左右两半构成，中间被一条乳间沟分隔，每一半包含一个乳房和一个乳头（图2-2）。乳腺的上皮细胞形成肺泡，这些肺泡进一步分为小叶，上皮细胞的数量随着母马怀孕期的增长而增多，从而扩大了泌乳的表面积。小叶被肌上皮细胞所包围，这些细胞负责将分泌物通过导管推送至输乳窦，最终通过两到四个乳头管输送至共同的乳头开口，每个乳头管都配有独立的小叶和乳管（Wlodarczyk-Szydlowska等，2005）。一个理想的乳房应具备发达的腺体，无内部结块，乳区发育良好，大小一致，肤质柔软，毛发短而细软，具有很好的弹性，乳房静脉明显，乳头弯曲粗大，大小适中，两乳头之间的距离也应适宜（侯文通等，1988）。马的泌乳过程包括生成和分泌两个阶段。乳汁的生成主要通过两种方式：一种方式是乳腺从头合成乳成分，如乳糖、脂肪和一些蛋白质（如酪蛋白）等营养物质，这些物质通过乳腺从血浆中吸收原材料，然后经过复杂的生理生化过程合成。另一种方式是乳腺选择性吸收形成乳汁，乳腺分泌上皮细胞从血浆中选择性地浓缩和吸收某些酶、球蛋白、无机盐、维生素和激素等，最终形成马乳。这两个过程共同确保了马乳的质量和产量，对于乳马业的生产具有重要意义（姚新奎，2011）。

乳腺最初分泌的是初乳，其成分在母马生产后12 h内会迅速变化，尤其是免疫球蛋白水平会急剧下降（Wlodarczyk-Szydlowska等，2005）。生产后的前3周是乳汁成分的过渡期，之后会趋于稳定。哺乳高峰期通常在生产后 2 个月内出现，有时稍晚。无论是役用马还是温血马，在哺乳期的前 12 周，泌乳量约为母马体重的 3%，之后的 12 周内，这一比例会降至约 2%（Wlodarczyk-Szydlowska，2005）。哺乳期一般持续 5~8 个月，整个哺乳期的预计产奶量为 2 000~3 000 kg（Salamon 等，2009）。

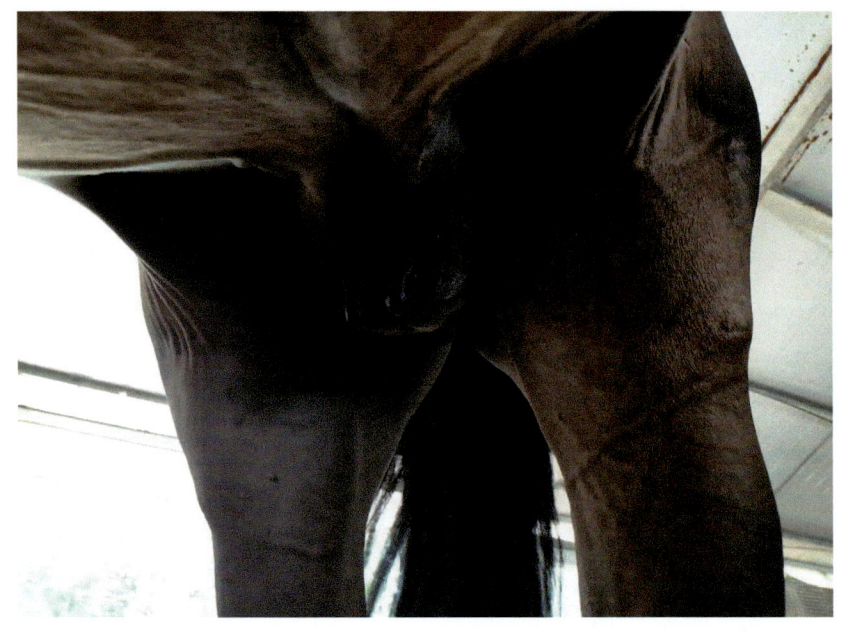

图 2-2　新疆伊犁马乳房（图片由作者拍摄于中国新疆伊犁）

马匹泌乳量因品种及生理用途呈现显著分化：混血品种母马日均泌乳量为 10~12 kg/d，而役用型母马受代谢负荷驱动，其泌乳量可达 15~20 kg/d。在优化饲养管理条件下（如高能日粮供给与高频次挤奶操作），单日泌乳峰值可达 29.0 kg，该数值已超越部分低产型奶牛品种（如娟姗牛）的日均产奶量。马乳采集可通过手工挤奶或真空脉冲式机械挤奶系统完成。研究表明，挤奶过程中马驹的吮吸刺激可触发母马垂体后叶释放催产素，通过乳腺肌上皮细胞收缩增强乳滴排出效率。并且马驹持续存在于母马视觉感知范围（半径≤5 m）可激活下丘脑-垂体轴，显著提升催乳素分泌节律，其作用路径涉及多巴胺能神经元抑制解除及垂体催乳素释放因子的脉冲式释放（Coutinho，2004）。

母马泌乳周期通常持续180～240 d，初期乳汁富含免疫球蛋白及乳铁蛋白。随着泌乳进程推进，乳汁中乳蛋白、乳糖及总固体含量呈渐进性下降趋势，而乳脂率（1.8%～2.2%）保持相对稳定。

母马的乳汁分泌具有明显的季节性，主要在春季和夏季，这一特点与马驹与母亲共同生活的时间相吻合。哺乳阶段和季节是影响马乳产量和化学成分的关键因素之一（Centoducati等，2012; Markiewicz-Kęzycka等，2015）。然而，挤奶过程中获得的奶量有限，提取过程的复杂性及其季节性，使得马乳成为一种相对昂贵的产品。

马匹泌乳性能受养殖系统、营养供给、挤奶策略及生理状态等多维度因素交互调控，其优化需构建系统化管理体系（Salimei和Fantuz，2013）。养殖模式作为核心变量，显著影响产奶效率：中亚游牧体系依托季节性放牧模式，母马日均泌乳量波动于8.2～14.3 kg，而集约化系统通过精准饲料配方（干物质摄入量达体重1.8%～2.2%）与环境控制，可将泌乳峰值提升至25.6 kg/d（Bat-Oyun等，2018）。营养管理层面，泌乳期母马能量需求较维持期增长40%～60%，需补充1.5～2.0 kg/d精料以满足合成代谢需求；蛋白质摄入量达1.2～1.4 kg/d可消化粗蛋白时，乳蛋白率可维持5.0%～5.5%的优质水平（Dai等，2017）。挤奶环节中，尽管手工与机械操作单次产奶量无差异，但专用设备（如脉动频率60～65次/min的改良型挤奶机）可降低体细胞计数32%～45%，显著抑制微生物污染。值得注意的是，品种非泌乳性能的决定性限制因素，任何品种母马经行为驯化均可建立泌乳反射，但个体性能差异（CV=18%～22%）仍需通过选育优化（Polychroniadou，2007）。

2.2 马乳的产品特征

马乳作为人类最早开发利用的乳源之一，承载着游牧民族数千年的饮食文化与智慧。从蒙古草原到中亚腹地，马乳不仅是重要的营养来源，更是连接人与自然、传统与现代的纽带。随着现代食品科技的进步和消费者对健康食品需求的提升，马乳这一古老而珍贵的乳源正焕发出新的生机。本节将系统探讨马乳的产品特征，从营养特性、产品形式，到生产应用中的优势与挑战，为其产业化发展提供切实可行的建议。

2.2.1 营养特性的科学解析

马乳被誉为"最接近人乳的天然乳源"之一，其独特的营养组成使其在功能性食品和特医食品领域具有广阔的应用前景。

（1）黄金营养配比。马乳的蛋白质含量为1.5%～2.5%，其中，β-乳球蛋白的含量仅为牛乳的1/3，显著降低了人体过敏风险。其脂肪含量为1.0%～1.5%，但n-3脂肪酸占比高达8.7%（牛乳仅为0.5%），具有显著的抗炎和心血管保护作用。乳糖含量为6.7%～7.0%，虽略高于牛乳，但其独特的分子结构更易被人体吸收，尤其适合乳糖不耐受群体（温佩佩等，2023）。

（2）微量营养素图谱。马乳富含多种微量营养素，其中，维生素C含量高达10 mg/100 g（牛乳仅为1 mg/100 g），具有显著的抗氧化作用。此外，马乳中的溶菌酶含量是牛乳的30倍，赋予其天然的抑菌特性。免疫球蛋白（IgG）占比超过 60%，能够有效增强人体免疫力（Musaev 等，2021）。

2.2.2 产品形式的多样性

马乳以其独特的营养组成和功能特性，在现代食品工业中展现出多样化的产品形态。从传统的液态鲜乳到高附加值的深加工产品，马乳产业正在全球范围内开辟新的市场空间（Afzaal 等，2021）。

（1）液态鲜乳。液态鲜乳是马乳最基础的产品形式，通常以巴氏杀菌乳为主。例如，蒙古国知名品牌"艾日格"通过先进的冷链运输技术，将新鲜马乳送达消费者手中，既保留了马乳的天然风味，又确保了其活性成分的完整性。这种产品形式在蒙古国、哈萨克斯坦等传统消费市场广受欢迎，并逐渐进入欧洲和北美的高端乳品市场。

（2）发酵乳制品体系。发酵乳制品是马乳加工的重要方向，其中，最具代表性的是酸马乳（Kumis）。这种传统发酵饮品在中亚地区已有数千年的历史，其独特的乳酸菌与酵母菌共生体系不仅赋予了产品独特的风味，还增强了其营养价值。此外，哈萨克斯坦工业化生产的马乳酒（含醇发酵乳）也备受青睐，其酒精度控制在 2% ～ 3%，既保留了马乳的营养特性，又增添了饮用乐趣。在功能性食品领域，德国 Hipp 公司开发的冻干马乳益生菌粉，已成为婴幼儿配方食品中的重要原料。

（3）深加工产品。随着食品加工技术的进步，马乳的深加工产品矩阵日益丰富。例如，荷兰 Kabrita 公司通过喷雾干燥技术生产的马乳粉，已成为婴幼儿配方乳粉市场的高端选择。此外，利用膜分离技术提取的马乳乳清蛋白，因其低致敏性和高生物利用度，被广泛应用于运动营养

补充剂中。在化妆品领域，通过超临界 CO_2 萃取技术获得的马乳功能性脂质，因其优异的保湿和抗氧化性能，成为高端护肤品的基质原料。

2.2.3 生产应用的双向分析

马乳的生产应用既充满机遇，也面临诸多挑战。

2.2.3.1 马乳生产的优势

生态适应性：蒙古马等传统品种在干旱半干旱地区表现出极强的适应性，日均产乳量可达 3～5 kg，为当地牧民提供了重要的经济来源。

产品溢价：在欧洲市场，马乳的零售价高达牛乳的 8～10 倍（2022 年法国市场数据），为产业发展提供了强劲的经济动力。

功能食品开发：荷兰的一项临床研究证实，马乳肽对 2 型糖尿病患者的症状改善率达 42%，为其在特医食品领域的应用提供了科学依据。

2.2.3.2 马乳生产的瓶颈

（1）生产端。泌乳期较短（仅 5～6 个月），且日均挤奶次数须达 6～8 次，增加了劳动强度和生产成本。同时机械化挤奶设备的适配率不足 30%（2023 年，FAO），制约了规模化生产。

（2）加工端。马乳脂肪球粒径较小（1.2～2.5 μm），导致均质工艺能耗增加 15%。酪蛋白占比仅为 50%，显著低于牛乳（80%），制约了奶酪等传统乳制品的产出率。

（3）市场端。消费者认知度较低，欧盟国家的知晓率不足 18%，中国市场的知晓率仅为 7%。

2.2.3.3 产业发展建议

为推动马乳产业的可持续发展，以下从育种改良、加工技术创新和市场培育三个方面提出建议，并提供经验借鉴。

（1）育种改良计划。导入哈萨克速步马等高产基因，将泌乳期延长至 8 个月，提升产乳效率。建立种质资源库，保护马乳产业的遗传多样性。

（2）加工技术创新。开发低温陶瓷膜分离系统，将乳清蛋白回收率提升至 92%，降低加工损耗。应用微胶囊包埋技术，解决马乳活性物质在储存和运输过程中的稳定性问题。

（3）市场培育策略。建立"草原黄金乳"地理标志认证体系，提升品牌价值。开发便携式发酵乳胶囊，满足现代消费者的便捷需求。与特医食品企业合作，开发针对肿瘤患者的专用营养制剂，拓展高端市场。

（4）经验借鉴。法国 Danone 集团于 2021 年启动"Equilait"项目，通过与蒙古国建立跨国供应链、采用区块链技术溯源以及开发马乳基代餐粉系列，实现了单品年销售额突破 2.3 亿欧元的佳绩。这一成功案例为马乳产业的全球化发展提供了宝贵经验。

马乳产业正处于从传统畜牧副产品向高值化健康食品转型的关键期。通过科技创新与市场培育的双轮驱动，马乳有望成为全球乳品市场的新增长点，为人类健康贡献更多价值。后续章节将深入探讨马乳生物活性成分的作用机制及临床转化研究进展，为产业发展提供更坚实的科学支撑。

3 马乳的感官特性和理化特性

马乳作为一种独特的动物乳，在感官和理化特性上都有着区别于其他常见乳制品（如牛乳、人乳）的特点。这些特性，直接关乎人们品尝马乳时的直观感受，还紧密关联着其营养价值与功能作用，进一步影响着马乳在市场上的接受程度与应用前景。

3.1 马乳的感官特性

马乳的感官特性是其最直观的特征，就像一张与众不同的"身份证"，从色泽、气味、口感到风味物质，都透露出天然的特质。这些特性不仅影响消费者的选择，更与其营养价值密切相关。

3.1.1 色泽

乳品色泽由光散射效应与色素成分共同决定。马乳通常呈乳白色，略带淡青色，质地清澈，流动性强，与稀释后的牛乳相似，这是因为马乳的脂肪含量较低，仅为 1.0%～2.0%，而且脂肪球粒径较小（黄雅琴等，2024）。研究表明，牛乳的脂肪球平均粒径为 3～4 μm，人乳的脂肪球平均粒径为 3～5 μm，而马乳的脂肪球小，为 2～3 μm，导致其表面缺乏明显的乳脂层（王煜林等，2024）。

3.1.2 气味

挥发性有机物是气味形成的物质基础。马乳的气味较为清淡，略带甜香和轻微的植物气息。这与马乳中挥发性脂肪酸（如乙酸、丁酸）含量较低有关。相比之下，牛乳因含有较高浓度的短链脂肪酸（如己酸、辛酸）而具有更浓郁的"奶香"，羊乳则因含有辛酸和癸酸而带有膻味；

人乳的气味更为温和，无明显异味。不同产地和饲养方式会导致马乳气味的浓郁程度和具体风味有所差异，以天然牧草为主食的马所产的乳，往往具有更浓郁的自然香气。

3.1.3 口感

口感由质地与呈味物质协同作用形成。马乳入口清爽，甜味明显，其乳糖含量为 6.0%～7.0%，同时，马乳 pH 值在 6.5～7.0，微酸。由于酪蛋白含量较低，约占总蛋白的 50%，所以，马乳口感不像牛乳那样具有厚重感。人乳的甜度更高，乳糖含量为 7.0%～7.5%，口感也更细腻；牛乳因脂肪含量较高，为 3.5%～4.5%，所以口感更顺滑，但可能残留轻微腥味。马乳蛋白质中乳清蛋白含量较高，形成的凝块较小，脂肪球也小，使得其在口中的感觉更为细腻，更易被接受。

3.1.4 风味物质

乳制品的风味是衡量其品质的关键指标之一，而挥发性物质的含量和种类直接决定了乳制品的感官品质。马乳的味道丰富多样，涵盖奶香、果香、甜味和酸味等，而这些独特风味的形成，很大程度上取决于其含有的特征风味物质。研究发现，马乳中的挥发性风味物质主要包括酯类、酸类、醇类、酮类、醛类以及芳香类等。这些物质相互作用，共同赋予了马乳独特的感官属性（付志昂等，2025）。

（1）风味物质的多样性。马乳的风味物质组成中各类挥发性有机物通过特定的浓度梯度和协同作用，共同构建出独特的风味特征，其中：酯类（如乙酸乙酯、己酸乙酯）贡献果香和甜香；醛类（如己醛、壬醛）

带来青草和柑橘香气；酮类（如 2- 庚酮、δ - 癸内酯）赋予奶酪和奶油般的圆润感；酸类（如乙酸、丁酸）提供微酸基调。这些物质的含量和比例受多种因素影响，包括马的品种、饲养环境、饲料组成等（付志昂等，2025）。

（2）加工对风味的影响。马乳目前有液态乳、冻干粉、喷雾干燥粉和发酵乳等产品形式，其风味特征因加工方式的不同而有所差异。其中，发酵技术是马乳加工的主要方式之一（付志昂等，2025）。

在酸马乳的生产过程中，原料乳的特性与微生物代谢共同塑造了终产品的风味。鲜马乳的风味对酸马乳的品质有着重要影响，而发酵过程中的微生物作用则进一步丰富了其风味层次。在发酵过程中，微生物不断生长，同时产生酶促反应，代谢乳中的糖、脂肪和蛋白质。这一系列生化过程使得酸马乳具有区别于鲜马乳的独特风味（陈宝蓉，2024）。

3.2 马乳的理化特性

马乳的理化特性是其内在品质的重要体现，涵盖脂肪、蛋白质、乳糖、矿物质、维生素等核心成分（表 3-1），以及 pH 值、冰点、相对密度等物理性质。这些特性不仅决定了其营养价值，还影响加工特性和功能作用。

表 3-1 马乳的基本理化特性

理化指标	含量范围	参考文献
蛋白质（g/100 g）	1.39～3.2	佟满满和闫素梅，2022；李莎莎，2015
脂肪（g/100 g）	0.53～2.28	聂昌宏，2019；温佩佩等，2023；褚楚等，2022
乳糖（g/100 g）	5.59～7.3	郝苗苗等，2019；齐新林等，2016

续表

理化指标	含量范围	参考文献
灰分（g/100 g）	0.28～0.37	古丽巴哈尔·卡吾力等，2017；李枝，2018
pH 值	6.73～7.2	叶乐等，2022；王涛等，2016
酸度（°T）	3.78～8.07	郝苗苗等，2019；许晶辉，2020
冰点（℃）	-0.538	齐新林等，2016
相对密度	1.031～1.033	叶乐等，2022；褚楚等，2022

注：基于中国主要产区研究数据。

3.2.1　pH 值与酸度

酸度是反映生乳品质的一个重要指标，用于监测发酵过程中产生的乳酸含量，表征生乳的新鲜度，是收购环节的必检指标。生乳在贮存运输过程中易受微生物污染，细菌分解乳糖产生乳酸会导致酸度升高。生乳的酸度常用吉尔涅尔度（°T）、乳酸含量（%）、索斯列特 - 格恩克尔度（°SH）、道尔尼克度（°D）、pH 值等表示，即中和一定量的样品所需氢氧化钠标准溶液的毫升数。马乳的酸度特性具有双重来源。

（1）自然酸度。自然酸度是指刚挤出来的生乳本身所具有的酸度，主要源于生乳中的酪蛋白、白蛋白、柠檬酸盐、磷酸盐及二氧化碳等酸性物质。根据文献数据，马乳自然酸度为 4～6°T，显著低于牛乳（16～18°T），这与其较低的蛋白质含量直接相关。

（2）发酵酸度。发酵酸度是指生乳在贮存运输的过程中，由细菌的侵入并在其中生长繁殖产生的酸性物质而升高的那部分酸度。马乳中含乳糖含量高，在微生物的作用下，分解产生乳酸，酸度增高说明微生物在增长繁殖，利用酸度可以监测发酵过程中产生的乳酸含量（杜兵耀等，

2019；杨亚新等，2024）。

马乳的pH值介于6.73～7.20，接近中性且略低于人乳（7.0～7.5），但高于牛乳（6.6～6.8）。适合直接饮用，但需快速冷藏以防腐败。酸度的高低不仅影响乳制品的稳定性，还与其抗菌能力和消化特性密切相关。马乳的pH值使其在胃中形成的凝乳块较为松软，易于消化，特别适合婴幼儿和消化功能较弱的人群（杜兵耀等，2019）。

3.2.2 冰点

水从液态转变为固态冰时的温度，被定义为冰点（freezing point，FP）。在标准状况下，纯水的冰点为0.000℃。而乳的冰点（milk freezing point，MFP）低于纯水。这是由于乳中含有一定浓度的可溶性乳糖和氯化物等盐类，其浓度能保持相对平衡，使得MFP较为稳定，一般只在很小的范围内波动。当乳中掺假（如水或杂质）时，其冰点即刻发生变化，并使乳的理化性质亦随之而变。通过测定冰点可快速判断乳中是否掺水（每添加1%水，冰点上升0.005 4℃）。因此，冰点是检测乳中是否掺假及衡量掺假程度的关键指标之一（和占星等，2017）。

现行标准《食品安全国家标准 生乳》（GB 19301—2010）明确限定荷斯坦牛生乳冰点范围为-0.500～0.560℃，但马乳作为特殊乳源，其冰点尚未形成统一标准。据文献记载，天然马乳冰点均值为-0.55℃（Pindešová，2022），虽与荷斯坦牛乳冰点区间存在重叠，但因其成分特异性（如高乳糖、低脂肪及独特蛋白结构），冰点波动机制具有显著差异（Cais-sokolińska，2018）。生乳的冰点受自身成分、外部添加物及环境因素共同影响。当乳糖、盐类、矿物质、脂肪、蛋白质等成分浓度稳定时，冰点波动范围较小，若成分改变则冰点会随之变化。外部添加物质中，加水会使冰点升高，而添加电解质（如 NaCl）可降低冰点，甚至能将异常冰点调整至常规范围以干扰掺水检测。此外，冰点还与动物品种、饲养管理、挤奶条件及储存环境等相关（Pindešová 等，2022）。

3.2.3 相对密度

相对密度，早期也称为比重，是评价乳品质量的重要理化指标之一，尤其在乳制品的质量控制中具有重要作用。《食品的相对密度的测定》（GB/T 5009.2—2003）给出了相对密度的定义，是指某一物质的质量与同体积、同温度下纯水质量的比值，用 d 表示。通常，相对密度的测定在 20℃下进行，即 20℃的试样与 20℃同体积水的质量比值，也可用某一物质的质量与同体积 4℃水的质量的比值。尽管在最新的《食品安全国家标准 食品相对密度的测定》（GB 5009.2—2024）中未对相对密度进行重新定义，但该标准用到的仪器和设备均要求在 20℃时进行，进一步强调了温度控制的重要性，也就是说相对密度是 20℃的试样与 20℃同体积水的质量比值。

马乳的相对密度普遍高于其他乳类，这与其较高的总固形物含量密切相关。总固形物包括蛋白质、脂肪、乳糖和矿物质等成分，这些成分的含量直接影响乳品的营养价值。食品安全地方标准中规定的马乳的相对密度普遍高于国家标准 GB 19301—2010 规定的生乳最低值（≥ 1.027，20℃/4℃），驴乳和驼乳的相对密度与马乳相近。马乳较高的相对密度表明其总固形物含量更丰富，营养价值更高（表 3-2）。

表 3-2　马乳及其他乳类相对密度的食品安全地方标准

标准名称		地方名称	相对密度 （20℃/4℃）	相对密度 （20℃/20℃）
DBS 15/011—2019 食品安全地方标准	生马乳	内蒙古	≥1.030	/
DBS 65/015—2023 食品安全地方标准	生马乳	新疆	/	≥1.032
DBS 65/015—2017 食品安全地方标准	生马乳	新疆	≥1.030	/
DBS 65/017—2023 食品安全地方标准	生驴乳	新疆	/	≥1.032
DBS 65/017—2017 食品安全地方标准	生驴乳	新疆	≥1.030	/
DBS 65/010—2023 食品安全地方标准	生驼乳	新疆	/	≥1.030
DBS 65/010—2017 食品安全地方标准	生驼乳	新疆	≥1.027	/
DBS 15/015—2019 食品安全地方标准	生驼乳	内蒙古	≥1.028	/

值得注意的是，乳品的相对密度受多种因素影响，包括饲料、乳脂率、环境、泌乳期、挤奶时间等。这些因素之间还可能产生叠加效应和综合效应，因此，在不同的环境下，乳品相对密度的比较并不具备直接的可比性。例如，同一品种的乳品在不同地区的相对密度可能存在差异，这主要是由于环境条件和饲养管理的不同所致（张晓音等，2019）。

此外，相对密度的测定还可用于判断乳品是否掺假。例如，若马乳的相对密度低于标准值，可能表明其被稀释或掺入了水分。因此，相对密度不仅是衡量乳品质量的重要参数，也是保障消费者权益的关键指标。通过相对密度的测定，可以有效监控乳品的质量，确保其符合食品安全标准（方悦等，2016）。

3.2.4　脂肪

脂肪作为乳中的重要营养成分，不仅是能量储存的主要形式，还承担着提供必需脂肪酸和脂溶性维生素的功能，同时具有一定生理活性。

其主要成分脂肪酸可按碳链长度和饱和程度分类：碳链长度分为短链（C4～C6，吸收快、供能效率高）、中链（C8～C12，无须胆盐乳化直接经门静脉吸收）和长链（C14～C24，参与细胞膜构建且具生物活性）；按饱和程度分为饱和脂肪酸与不饱和脂肪酸，后者又依双键数量分为单不饱和与多不饱和脂肪酸（邱冀等，2021）。

马乳的脂肪含量为0.53%～2.28%，与人乳的脂肪含量相近，显著低于牛乳。通过气相色谱－质谱（GC-MS）分析发现，马乳不饱和脂肪酸含量占比高达68%，显著高于牛奶（32%）。其中，亚油酸（18:2 n-6）占总脂肪酸的17.6%，是牛奶的3.3倍，可促进胆固醇代谢；亚麻酸（18:3 n-3）含量6.7%，是牛奶的3.2倍，有助于抗炎和调节免疫（Malacarne等，2002; Barello等，2008）。

马乳脂肪之所以具有如此独特的特性，源于其长期进化过程中的适应性。马作为单胃动物，体内缺乏瘤胃微生物发酵环节，这使得马乳脂肪的合成路径与其他反刍动物存在明显差异。马乳中高含量的不饱和脂肪酸，能满足马驹在生长发育过程中对能量的急切需求。同时，马乳脂肪球的结构与母乳相似，这一特点也使其更有利于婴幼儿的消化吸收（叶乐等，2022）。

3.2.5 蛋白质

蛋白质是乳中主要的营养成分，乳中的蛋白质成分主要由酪蛋白和乳清蛋白组成，乳清蛋白由α-乳白蛋白、β-乳清蛋白和人血白蛋白组成（张琪玮和颜庭林，2022）。

马乳中蛋白质含量为1.39%～3.2%，平均为2%，马乳蛋白质含量虽然较牛奶低。但马乳蛋白质是一种营养学上的完全蛋白质，白蛋白和球蛋白占的比重较大，约占蛋白质总量的 1/2（刘志安，2014）。

马乳的乳清蛋白在总蛋白中的占比最接近于母乳，约为 60%，销量最广的牛乳中乳清蛋白约占其总蛋白的 20%（刘永峰等，2020）。

马乳的氨基酸模式与人乳氨基酸模式接近，蛋白质营养价值相对较高，更容易被机体利用。根据世界卫生组织和联合国粮食及农业组织（FAO/WHO）提出的理想蛋白质标准，即组成蛋白质 EAA/TAA（必需氨基酸与总氨基酸的比值）比值应达到 40% 左右，且 EAA/NEAA（必需氨基酸与非必需氨基酸的比值）应在 60% 以上。叶乐等（2022）测定马乳 EAA/TAA 和 EAA/NEAA 均高于理想蛋白标准，且与牛乳和山羊乳比较更接近 FAO/WHO 公布的人乳比例 42.96% 和 75.32%。

3.2.6 乳糖

乳糖是一种独特的糖类，只存在于哺乳动物的乳汁中，比如马乳、牛乳和羊乳中，植物或其他食品中不存在。乳糖由葡萄糖和半乳糖通过 β-1,4- 糖苷键连接而成。这种结构让乳糖成为一种"非还原性糖"，不容易与其他成分发生化学反应，这在乳制品的生产中非常重要。乳糖还有一个重要的"超能力"：它容易被乳酸菌等微生物分解，转化成乳酸。这个过程不仅让乳制品（比如酸奶和奶酪）产生独特的酸味和风味，还能提高乳制品的酸度，抑制有害微生物的生长，从而延长保质期。可以说，乳糖是乳制品风味和保鲜的"幕后功臣"（齐英杰等，2024）。

在马乳中，乳糖是主要的碳水化合物，含量高达 6.0% ～ 7.0%，显著高于牛奶、牦牛奶、骆驼奶和山羊奶。主要原因是马的肌肉较为发达，且其奔跑习性需要能量的快速合成，而乳糖经过乳酸酶分解为葡萄糖和半乳糖，转化为能量，可为马驹的生长提供能量保证（褚楚等，2022）。乳糖不仅为乳制品提供了天然的甜味，还直接影响乳的质量。比如，乳糖的存在可以帮助维持乳脂肪和乳蛋白的稳定性，避免它们在加工过程中发生不必要的化学反应，比如非酶性褐变（也就是乳制品变色的现象）。

马乳中的乳糖含量接近牛乳乳糖含量的 2 倍，与人乳中的乳糖含量最为接近。由于马乳中乳糖含量较高，因此，不适于乳糖不耐症人群饮用，其面向的消费人群会受到限制。但乳糖不耐症人群可以饮用酸马奶或低乳糖马奶。鉴于乳糖在生物学上的功能和生鲜马乳乳糖含量高的特点，马乳粉更适合作为婴幼儿乳粉的原料（苗森，2015）。

3.2.7 灰分与矿物质

马乳的灰分含量（0.3%～0.4%）显著低于牛乳（0.7%～0.8%），表明其矿物质含量较低。尽管如此，马乳中的钙、磷、镁等矿物质比例均衡，易于吸收，对骨骼和牙齿的健康发育有积极作用。马乳含有多种矿物质元素，但总量不大，其中最多是钙和磷，比例为 2∶1，与人体需求相符，有助于骨骼的健康发育。

乳中的矿物质是人体获取矿物元素来源的重要途径。常量和微量矿物元素摄入不足都会导致生理活动异常和病变的发生。马乳中无机盐的种类多，其中微量元素钴、铜、锌含量高于牛乳（李亚茹等，2016）。

3.2.8 维生素

维生素是乳汁中含量很少但机体生命活动必需的低分子有机物。马乳中富含多种维生素，包括维生素 A、维生素 D_3、维生素 E、维生素

K_2、维生素 C、维生素 B_1、维生素 B_2、维生素 B_6、维生素 B_{12} 以及烟酸、泛酸和叶酸等。这些维生素在马乳中的含量和比例与其他乳类存在显著差异，赋予了马乳独特的营养特性。

（1）维生素 C。马乳中高含量的维生素 C 使其在草原牧区被誉为"液体水果"。马乳中维生素 C 的含量显著高于牛乳，达到 47 mg/L，是牛乳（27 mg/L）的 1.7 倍，接近母乳（60 mg/L）的水平。研究表明，维生素 C 能将三价铁还原为二价铁，提高肠道对铁的吸收效率。作为脯氨酸羟化酶的辅因子，维生素 C 对胶原蛋白的形成至关重要。维生素 C 对高危儿童的特应性皮炎具有保护作用（陈宝蓉等，2023）。

（2）B 族维生素。马乳的特点是 B 族维生素占大部分，与人乳和牛乳相比，马乳中的钴胺素含量较高，对红细胞生成和神经系统功能至关重要（聂昌宏，2019）。马乳中维生素 B_2 含量较低。但其作为生物氧化酶的辅酶，在能量代谢和细胞呼吸中发挥关键作用。缺乏维生素 B_2 可能导致口角炎、舌炎等疾病，并增加癌症和心血管疾病的风险（黄雅琴等，2024；常花香，2021）。

（3）维生素 E。马乳中含有丰富的维生素 E，马乳中维生素 E 的含量与牛乳相近，但其与多不饱和脂肪酸的协同作用使其抗氧化能力更为突出。维生素 E 能够清除自由基，延缓细胞老化，并对心血管疾病具有预防作用（王煜林等，2024）。

综合上述，马乳以其清淡的口感、高乳糖、低致敏性和接近人乳的蛋白质组成脱颖而出。其理化特性不仅适合婴幼儿和消化功能较弱的人群，还具有抗菌、免疫调节等潜在健康益处。这些特性使其在乳制品市场中占据独特地位，未来或将成为功能性食品开发的重要原料。

4 马乳的蛋白质组成及其营养特性

4.1 马乳蛋白质的基本组成情况

马乳不仅包含了小马驹生长发育所需的全部营养成分，还是一种极具价值的食品（Pecka等，2011）。从主要成分来看，马乳比其他反刍动物的乳更接近于人类乳汁，可用于牛奶过敏婴儿的蛋白质补充（Elisabetta等，2012）。马乳蛋白质的主要成分有乳清蛋白和酪蛋白。乳清蛋白具有易消化、高生物利用率等优点，在营养上被称为"蛋白之王"（陈静廷，2013；Geoffrey等，2008）。乳清蛋白是母乳、马乳、牛乳、羊乳、骆驼乳和驴乳等乳中蛋白的组成成分（聂昌宏等，2019），是乳制品在适宜的等电点和温度下，经过酸化沉淀后分离出来的物质。马乳的乳清蛋白在总蛋白中的占比约为50%，而牛乳中乳清蛋白约占其总蛋白的20%（杨玉红，2011）。乳清蛋白主要生物活性成分包括β-乳球蛋白（β-lactoglobulin，β-LG）、α-乳白蛋白（α-Lactalbumin，α-LA）、免疫球蛋白、乳铁蛋白、乳过氧化物酶等（吴伦清和潘宁，2019）。马乳中的乳铁蛋白含量介于母乳和牛乳之间（Inglingstad等，2010）。其中，β-乳球蛋白可以与疏水性多酚结合制备多酚-蛋白质复合物，改善乳蛋白的功能性质，提高乳中蛋白质的稳定性（Linda等，2020）。酪蛋白是乳成分中大多数蛋白质的总称，是乳中非常重要的蛋白质组成部分。马乳中的酪蛋白占比（约占马乳里面全部蛋白质的50%）比牛乳中的酪蛋白占比（约占全部蛋白质的80%）低，从蛋白中分离酪蛋白的传统方法是在pH值4.6下沉淀酪蛋白。大多数乳的酪蛋白由四种成分组成：α_{s1}-酪蛋白、α_{s2}-酪蛋白、β-酪蛋白和κ-酪蛋白（Li等，2013）。

同时，马乳中一些生物活性蛋白成分也值得关注。溶菌酶以其抗菌活性而著称，被视为马乳中的关键活性成分，属于多功能蛋白质家族（常花香，2021；张晓晓和斯琴巴特尔，2020）。溶菌酶被认为是一种天然的抗菌剂，研究表明，其是控制病原微生物进入生物体的第1道屏障作用（刘亚华，2019）。此外，有研究发现，溶菌酶的热变性会使其失去酶活性，但能增加其抗菌活性（Alberta等，2024）。

4.2 不同畜种乳蛋白质组成对比

乳中的蛋白质能够满足机体的生长需要，促进免疫系统的调节功能（Vanderkelen，2023），是乳中最重要的成分之一（邱冀等，2021）。从总蛋白比例上看，马属动物乳，如马乳和驴乳以及骆驼乳中的α-乳白蛋白质量浓度较高（表4-1）。马乳中的β-乳球蛋白含量为0.34 g/100 mL，低于牛乳。虽然β-乳球蛋白对于提高乳蛋白稳定性具有重要作用，但是对于人体而言，β-乳球蛋白不易被消化，也是一种容易导致婴幼儿过敏的常见过敏原（刘翠等，2019；Li等，2013）。酪蛋白主要由α-酪蛋白、β-酪蛋白、κ-酪蛋白、γ-酪蛋白等组成。马乳中酪蛋白的组成及含量与牛乳也存在显著差异。研究表明，马乳中的α-酪蛋白和β-酪蛋白含量相对较低，而κ-酪蛋白和γ-酪蛋白的比例相对较高。这种独特的酪蛋白组成模式使得马乳在胃肠道中形成的凝乳结构更加细腻、松软，有利于婴幼儿和肠胃功能较弱人群的消化吸收。马乳中富含的多种生物活性成分如乳铁蛋白、免疫球蛋白等进一步增强了其营养价值和功能特性。此外，马乳中乳糖含量适中且主要以α-乳糖形式存在，能够有效促进肠道有益菌群增殖，改善肠道微生态平衡，从而协同提升乳中蛋白质、矿物质等营养物质的吸收利用率，为特殊人群提供了更为温和且高效的营养支持途径（魏黎阳等，2023）。

表 4-1 不同哺乳动物乳中的蛋白质组成及水平（揭良和苏米亚，2021）

指标	马乳	人乳	牛乳	羊乳	驴乳	驼乳
乳清蛋白（g/100 mL）	0.74	16.60	0.60	0.60	0.82	0.83
α-乳白蛋白（g/100 mL）	0.27	2.85	0.11	0.11	0.24	0.29
β-乳球蛋白（g/100 mL）	0.34	—	0.40	0.28	0.26	0.31
人血白蛋白（g/100 mL）	0.04	1.25	0.04	0.11	0.04	0.04
酪蛋白质量浓度（g/100 mL）	0.97	5.80	2.70	2.11	0.63	3.01
α-酪蛋白含量（g/100 g 酪蛋白）	47	11.10	50.00	24.80	27.00	26.00
β-酪蛋白含量（g/100 g 酪蛋白）	46	60.00	36.00	54.80	70.00	70.00
k-酪蛋白含量（g/100 g 酪蛋白）	<0.1	7.00	14.00	20.40	<0.01	4.00

4.3 影响马乳蛋白质含量的因素

不同泌乳阶段乳中蛋白质的含量不同。泌乳初期时，初乳中蛋白质含量特别丰富，各种蛋白质含量增多，乳清蛋白增多显著，特别是免疫球蛋白增多更为显著。初乳的平均乳蛋白率可达4%～14%。在产犊后的5～10周，乳中酪蛋白及非蛋白氮（NPN）含量快速下降逐渐与常乳接近，随后在泌乳末期逐渐上升。乳蛋白率在特定的泌乳期内和奶产量呈负相关，因此，奶产量的提高将在一定程度上降低乳蛋白率，但其降低的程度不大（王传蓉，2013）。

马乳的蛋白质含量受多种因素影响，包括品种、泌乳阶段和营养状

4 马乳的蛋白质组成及其营养特性

况（Cieslak 等，2016；Malacarne 等，2002）。了解这些因素对于优化马乳的营养价值和潜在应用至关重要，尤其是在将其作为人类食品或动物营养补充剂时。

品种的影响：不同品种的马，其乳汁的蛋白质含量可能存在显著差异（Cieslak 等，2016）。这表明遗传因素在决定马乳蛋白质含量方面起着重要作用。例如，某些品种可能天生就比其他品种产生更高蛋白质含量的乳汁。然而，提供的文献中没有具体品种蛋白质含量的对比数据。

泌乳阶段的影响：泌乳阶段是影响马乳蛋白质含量的另一个重要因素（Cieslak 等，2016；Csapó-Kiss 等，1995；Robles 等，2023）。在泌乳初期，初乳中的蛋白质含量通常较高，因为初乳富含免疫球蛋白和其他对新生儿至关重要的蛋白质（Robles 等，2023）。随着泌乳期的进展，乳汁的蛋白质含量可能会发生变化，但具体的变化趋势和幅度可能因个体和环境因素而异。

营养的影响：营养状况对马乳的蛋白质含量也有显著影响。母马的饮食中蛋白质和能量的充足供应对于维持乳汁中蛋白质的含量至关重要。如果母马的饮食中缺乏足够的蛋白质或能量，可能会导致乳汁蛋白质含量下降，从而影响仔畜的生长发育。此外，日粮中氨基酸的平衡也很重要，因为乳汁蛋白质的合成需要各种必需氨基酸。

其他因素：除了上述主要因素外，还有一些其他因素可能影响马乳的蛋白质含量。①健康状况：母马的健康状况会影响其乳汁的蛋白质含量和组成。患有疾病或感染的母马可能会产生蛋白质含量较低或质量较差的乳汁。②环境因素：如温度、湿度和压力等，也可能对马乳的蛋白质含量产生一定影响。③采样技术：不同的采样技术可能会影响马乳成分的测量结果（Pyles 等，2021）。

4.4 马乳蛋白质的营养特性

4.4.1 马乳中蛋白质的含量及主要类型

马乳中的蛋白质含量为 1.5%～2.8%（以干物质计），其中，乳清蛋白和酪蛋白是主要成分。具体来说，马乳中的乳清蛋白占总蛋白质的 45%～54%，而酪蛋白占 50%～55%（Blanco-Doval 等，2024a）。马乳中的主要蛋白质包括 $α_{s1}$- 酪蛋白、$α_{s2}$- 酪蛋白、β- 酪蛋白、k- 酪蛋白、β- 乳清蛋白Ⅰ和Ⅱ、α- 乳清蛋白 A 以及溶菌酶 C 等（Blanco-Doval 等，2024b）。这些蛋白质的组成与牛奶和羊奶不同，且马乳中的乳清蛋白和酪蛋白比例与人类乳汁相似，因此，马乳被认为是一种低过敏性乳品（Blanco-Doval 等，2024a）。

4.4.2 马乳蛋白质与牛奶等乳蛋白的差异

马乳中的蛋白质含量较低，约为 2.2%（牛奶为 3.1%、羊奶为 1.5%），其中，乳清蛋白和酪蛋白的比例与牛奶和羊奶不同。马乳中的乳清蛋白含量约为 45%，酪蛋白约为 55%，而牛奶中的酪蛋白含量最高，易引起婴儿过敏（Blanco-Doval 等，2024a）。马乳中富含溶菌酶、乳铁蛋白和免疫球蛋白，这些成分具有抗菌和抗病毒活性，且马乳中的溶菌酶含量高于其他哺乳动物的奶。此外，马乳中的免疫球蛋白含量较高，约为 20.0%（牛奶为 15.0%、羊奶为 11.5%）（Zeleňáková 等，2010）。

4.4.3 马乳蛋白质氨基酸组成及营养价值

马乳的蛋白质氨基酸组成丰富，营养价值高，消化吸收率良好，且具有多种生物活性成分，是一种理想的营养来源。马乳中的氨基酸种类多样，主要包括谷氨酸、天冬氨酸、亮氨酸、赖氨酸等，其中谷氨酸含量最高。马乳的必需氨基酸（EAA）含量在整个产奶季节都保持较高水平，发酵后游离氨基酸含量显著升高。马乳中的乳清蛋白和酪蛋白比例接近1:1，主要蛋白质为β-酪蛋白，还包括$α_{s1}$-酪蛋白、$α_{s2}$-酪蛋白、k-酪蛋白、β-乳清蛋白Ⅰ和Ⅱ、α-乳清蛋白A和溶菌酶C等。马乳蛋白质质量高，消化率可达93.7%或96.0%，与牛奶相似，表明其是一种高消化率的蛋白质来源。马乳的必需氨基酸/非必需氨基酸比率为73.05%，符合FAO/WHO理想蛋白质要求，氨基酸评分在不同年龄段均超100分，能满足蛋白质氨基酸需求。马乳中的蛋白质更容易被人体消化，且其乳清蛋白和酪蛋白的比例与牛奶相似，但马乳中的β-酪蛋白含量更高，使其更易于消化，尤其适合婴儿和对牛奶蛋白过敏的儿童。马乳中的蛋白质含量约为2.01%，虽然低于牛奶，但高于母乳，且易于消化。马乳中的蛋白质和脂肪酸比例与人类母乳相似，因此被认为是一种低过敏性牛奶，适合婴儿配方奶粉。

5 马乳的乳脂组成及其营养特性

乳脂作为哺乳动物乳的关键营养成分之一，与蛋白质、乳糖共同构成乳的三大营养要素，其含量和品质正逐渐成为衡量乳制品优劣的重要指标。乳脂主要由三酰基甘油（TAG）、磷脂及甾醇等成分构成，以脂肪球形式分散在乳中。乳脂不仅能为哺乳动物提供能量，还可作为脂溶性营养素和生物活性脂质的天然溶剂。不同哺乳动物的乳脂组成和含量存在差异，这种差异使乳脂成为影响乳及乳制品口感和风味的关键因素。此外，乳脂的生理活性主要由其脂肪酸的性质决定，脂肪酸的含量、组成和结构不仅影响生鲜乳的品质，还具有改善机体健康的功能（闫海峡等，2023；华加敏等，2023；Gómez-Cortés等，2018；Yao等，2016；Mohan等，2021）。

与其他畜种相比，马乳中脂肪含量低，与人乳相似，但马乳含有丰富的脂肪酸（Barreto等，2019）。马乳乳脂主要由大量甘油三酯，以及少量的游离脂肪酸和磷脂组成，甘油三酯的结构是影响脂肪酶活性的首要因素（Naert等，2013）。马乳中棕榈酸结构与人乳相似，该脂肪酸有利于儿童消化吸收（杨茉莉和樊凌翰，2001）。马乳脂肪的硬脂酸和油酸水平很低，而高含量的不饱和脂肪酸和短链脂肪酸，使马乳比牛乳脂肪更容易被消化（刘亚东等，2012）。

5.1 马乳的脂肪球大小和理化特性

乳脂肪球（Milk Fat Globule，MFG）是乳脂肪的主要存在形式，由乳腺上皮细胞分泌，包裹了乳中超过99%的乳脂总量，其结构以甘油三酯为核心，外周包裹着乳脂肪球膜（Milk Fat Globule Membrane，MFGM）。MFGM厚度为10～20 nm，占乳脂肪球干质量的90%以上，主要由卵磷脂、鞘磷脂等极性脂质和蛋白质构成。乳脂肪球的大小与脂肪含量呈正相关,受 MFGM 中脂质和蛋白质含量影响。MFG 的脂质部分主要包括甘油三酯、极性脂质和胆固醇,其中,极性脂质占总乳脂的 0.2%～1.0%,但在 MFGM 中占 26%～40%,主要成分为卵磷脂、磷脂酰乙醇胺和鞘磷脂等(图 5-1)(Jiang 等,2025;Lee 等,2018;Smoczyński 等,2012)。

马乳的脂肪球直径为 2～3 μm,是哺乳动物乳中脂肪球较小的类别之一(Uniacke-Lowe 和 Fox,2012)。马乳脂肪球膜由磷脂、蛋白质和糖蛋白组成。马乳脂肪球膜的特殊结构赋予马乳脂肪球较高的稳定性,使其在储存和加工过程中不易聚结或上浮。马乳脂肪球的密度约为 1 032 kg/m³,略高于牛乳 1 027～1 033 kg/m³,这与其较高的乳糖含量和较低的脂肪含量相关(Malacarne 等,2002)。

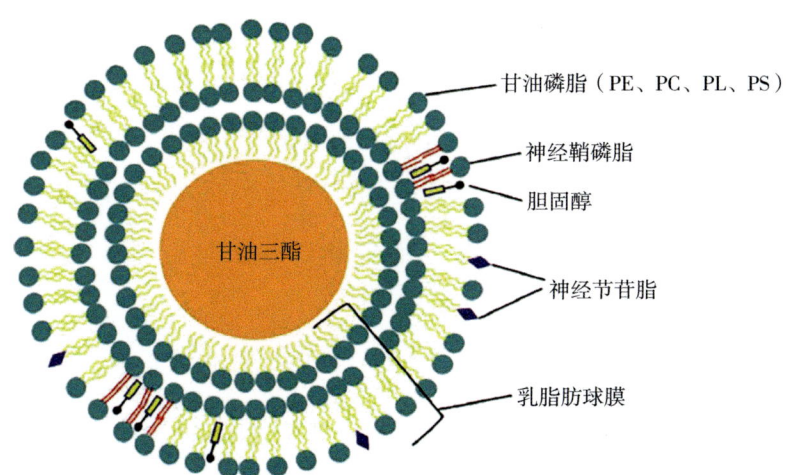

PE:phosphatidylethanolamine,磷脂酰乙醇胺;PC:phosphatidylcholine,磷脂酰胆碱;PL:Phospholipid,磷脂;PS:phosphatidylserine,磷脂酰丝氨酸。

图 5-1　乳脂球结构示意图(孟毅等,2024)

马乳的脂肪球具有独特的理化特性。Zeta 电位可反映乳体系稳定性。电位绝对值越大，乳体系越稳定，反之则不稳定（孟毅等，2024）。马乳 Zeta 电位约为 –10.3 mV，低于牛乳的 –20 mV，这可能与其较大的脂肪球尺寸和较低的 k- 酪蛋白覆盖率有关（Uniacke-Lowe 等，2010）。马的乳脂肪球膜是三层结构，由蛋白质和脂质的初级单层和含有相关糖苷的外层磷脂双层组成。与牛脂肪球不同。马的乳脂肪球外膜表面上含有分支的丝状的糖被（约 0.5 mm）及牛乳脂肪球膜表面不存在的几种高分子量糖蛋白。这些丝状结构从马乳中的脂肪球表面延伸出来，在冷却时从脂肪球表面解离到乳清中，并在加热时消失。目前，对于马乳脂肪球膜表面的丝状结构糖被的生物学功能尚不清楚（Uniacke-Lowe 和 Fox，2022）。但是，它们通过结合脂肪酶来增强脂肪的消化，此外，它们能够使马乳脂肪球表面具有黏液特性，使脂肪球黏附于肠上皮，减缓马乳脂肪球在肠道的移动速度，确保马乳脂球更长时间地接触胆汁盐和脂肪酶。它们还能防止细菌黏附，并能保护乳腺组织免受肿瘤侵害（Uniacke-Lowe 和 Fox，2022）。由于马乳不用于黄油或奶酪的生产，所以，目前还没有对马乳乳脂的涂抹性、流变性和融化特性进行详细的研究。此外，马乳脂肪球的热稳定性较低，在高温处理时易发生聚集，这限制了其在高温灭菌乳制品中的应用。

5.1.1　不同畜种乳脂肪球大小对比

脂肪球大小直接影响乳品的口感、消化性及加工特性。例如，较小的脂肪球（如马乳和人乳）更易被婴儿消化吸收，而较大的脂肪球（如羊乳）可能导致更浓郁的乳脂风味，但也可能增加肠道负担（王煜林等，2024）。不同乳源差异主要体现在脂肪水平、脂肪球、甘油三酯以及脂肪酸的组成上（Wang 等，2020）。羊乳脂肪球含有丰富的短链和中链甘油三酯（Abd 和 El-shibing，2011），驼乳脂肪球比牛乳含有更高比例的长链脂肪酸，而短链和中链脂肪酸可以被脂肪酶更有效地水解、消化（Kula 和 Tegegne，2016）。此外，哺乳动物种类不同，导致乳脂肪球膜上蛋白质比例存在差异，如酪蛋白与乳清蛋白的比例。其中，酪蛋白会影响乳脂肪球在消化过程中的凝固，继而影响消化水平（Nguyen 等，2017）。与牛乳、羊乳的乳脂肪球膜蛋白相比，驼乳乳脂肪球膜中 α_{s1}- 和 β - 酪蛋白与人乳更为相似，因此，在食用驼乳时，会降低驼乳在胃肠道中消化时的过敏性（Jenkins 等，2008）。不同畜种的乳脂肪球大小和理化特性见表 5-1（Uniacke-Lowe，2012；Huppertz，2017）。

表 5-1 不同畜种的乳脂肪球大小和理化特性

乳脂肪球	人乳	牛乳	羊乳	马乳	骆驼乳
直径（μm）	3～5	3～5	4～6	2～3	2～3
密度（kg/m³）	1 031	1 027～1 033	1 033～1 035	1 032	1 029～1 032
Zeta 电位（mV）	-7.8	-20	-18.5	-10.3	-15

资料来源：Uniacke-Lowe，2012；Huppertz，2017。

5.1.2 影响马乳脂肪球和理化特性的因素

在每 1 mL 新鲜乳中大约有不少于 1×10^{10} 个大小不一的乳脂肪球，而这些乳脂肪球的大小并不是固定不变的，在不同的泌乳期这些乳脂肪球的大小会发生改变。例如，马初乳（产后 1～5 d）中的脂肪球较大，随泌乳期逐渐减小。这是因为初乳中含有更多的免疫球蛋白和蛋白质，增加了脂肪球的聚集倾向（Oftedal 等，1983）。脂肪球的大小分布还受到日粮营养水平（例如饲料的脂肪含量和种类）、饲养或生活环境等因素的影响（Lopez，2011）。如亚麻酸，会影响脂肪球膜的磷脂组成，进而改变其稳定性。高多不饱和脂肪酸含量高的日粮可能增加马乳脂肪球的氧化敏感性（Doreau 和 Boulot，1989）。此外，高温环境可能导致马乳脂肪球膜蛋白变性，降低其稳定性（Miraglia 等，2006）。乳脂肪的含量越高，乳脂肪球粒径分布越向大的方向偏移（Wiking 等，2004）。

5.2 马乳的脂肪酸组成及其营养特性

乳脂脂肪酸碳链长度常为 C4～C18，是甘油三酯的主要成分，对乳脂功能至关重要（图 5-2）。根据碳链长度，可分为短链、中链和长链脂肪酸；根据碳原子数量的奇偶性，可分为奇数链和偶数链脂肪酸；根据碳链饱和度，可分为饱和脂肪酸（SFA）、单不饱和脂肪酸（MUFA）和多不饱和脂肪酸（PUFA）。此外，还可依据其在甘油分子上的空间排布差异划为 sn-1、sn-2 和 sn-3 位脂肪酸（Huppertz，2017）。乳脂脂肪酸的来源主要有两种：一是乳腺上皮细胞从头合成的中短链脂肪酸；二是从血液中吸收的单不饱和脂肪酸和长链脂肪酸（吕贺等，2018）。其合成受遗传、环境、营养等因素影响，包括饲粮、气候条件、激素水平、基因表达和瘤胃微生物等（杨仁辉等，2021）。乳脂脂肪酸对动物机体具有重要生理功能，包括提供和储备能量、作为代谢化合物合成原料、调节细胞膜流动性、维持细胞正常生理功能，以及酯化胆固醇、调节血脂和促进脑神经发育等（Huppertz，2017）。

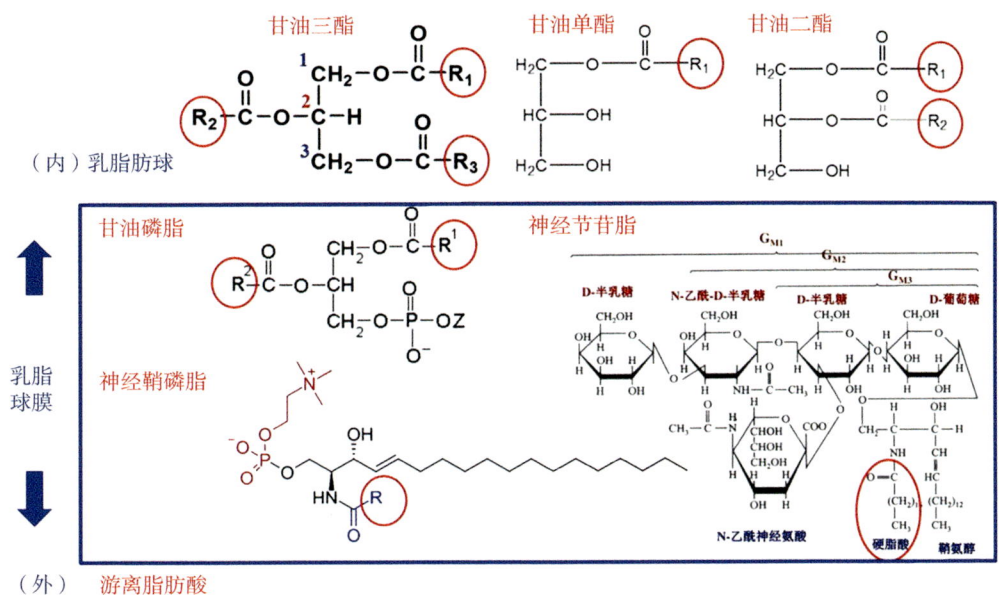

图 5-2 乳中脂肪酸的存在形式（王峰恩，2021）

5.2.1 马乳脂肪酸的基本组成情况

马乳脂肪酸以多不饱和脂肪酸为主（约占总脂肪酸的 53%），总不饱和脂肪酸与饱和脂肪酸的比例从 1.03 到 1.33 不等（Salimei 和 Fantuz，2012）。马乳中已鉴定出超过 30 种不同的脂肪酸，其中，含量较高的包括：① 饱和脂肪酸：棕榈酸（C16:0，20%～25%）、硬脂酸（C18:0，5%～10%）、肉豆蔻酸（C14:0，5%～8%）；② 单不饱和脂肪酸：油酸（C18:1 n9c，20%～30%）、棕榈油酸（C16:1，3%～6%）；③ 多不饱和脂肪酸：亚油酸（C18:2 n6c，10%～15%）、α-亚麻酸（C18:3 n3，5%～10%）（Osthoff 等，2012）。马乳几乎不含丁酸（C4:0），而含有高比例的中链脂肪酸（20%～35%的脂肪酸含有<16C），但短链和长链饱和脂肪酸的含量都很低（Uniacke-Lowe和Fox，2022）。马乳脂肪酸含有非常高的α-亚麻酸，且亚油酸与亚麻酸比值平均为0.8（Devle等，2012）。此外，马乳中的共轭亚油酸含量较低，可忽略不计（Salimei等，2012）。

马初乳的脂肪酸组成中，棕榈酸（C16:0，22.6～23.0 g/100 g脂肪酸）、硬脂酸（C18:0，2～2.1 g/100 g脂肪酸）和亚油酸（C18:2，17～20 g/100 g脂肪酸）的平均含量高于常乳（Salimei和Rark，2017）。而辛酸（C14:0，1.2～1.8 g/100 g脂肪酸）、肉豆蔻酸（C14:0，4.45～7.1 g/100 g脂肪酸）和棕榈油酸（C16:1，3.6～4.2 g/100 g脂肪酸）的平均含量则低于常乳（Pikul等，2008；Bondo等，2011）。

5.2.2 马乳脂肪酸营养特性

饱和脂肪酸会增加人们罹患心血管疾病的风险，而多不饱和脂肪酸和必需脂肪酸在预防心血管疾病、自身免疫性疾病和炎性疾病方面发挥重要作用（Cunsolo等，2017）。马乳独特的脂肪酸组成赋予其特殊的营养价值和健康功效。高比例的不饱和脂肪酸，特别是多不饱和脂肪酸，是一种对机体有益的免疫营养素。马乳中丰富的多不饱和脂肪酸对于预防动脉粥样硬化和血栓形成非常重要（Czyżak-Runowska等，2021）（表5-2）。马乳中胆固醇的含量低，对肥胖者、三高患者、胆石症患者有保健作用（任建存，2021）。

表 5-2　马乳脂肪酸成分　　　　　　　　　　单位：g/100 g

脂肪酸	均值	最小值	最大值
丁酸，C4:0	0.43	0.09	0.90
己酸，C6:0	0.54	0.21	1.40
辛酸，C8:0	2.85	0.80	6.10
癸酸，C10:0	6.52	2.30	16.70
葵烯酸，C10:1	1.41	1.17	1.63
月桂酸，C12:0	6.93	3.80	14.60
十三烷酸，C13:0	0.18	0.14	0.21
肉豆蔻酸，C14:0	8.40	4.70	19.20
肉蔻豆烯酸，C14:1	0.90	0.10	2.60
十五烷酸，C15:0	0.80	0.20	1.62
棕榈酸，C16:0	20.53	12.40	28.50
棕榈油酸，C16:1 cis-9	6.09	2.20	9.70
珍珠酸，C17:0	0.50	0.21	1.20
硬脂酸，C18:0	1.42	0.30	3.55
油酸，C18:1 cis-9	21.11	9.40	31.60
亚油酸，C18:2 n-6	10.32	3.60	20.30
亚麻酸，C18:3 n-3	14.50	2.20	26.20

资料来源：Salimei 等，2017。

马乳脂肪球较小（平均直径 2～3 μm），且含有较多中链脂肪酸，这使得马乳脂肪更易被消化吸收，特别适合消化功能尚未发育完全的婴幼儿和消化功能减退的老年人。马乳中亚麻酸含量（14.50%）远高于母乳（1.56%）和牛乳（0.31%），亚麻酸参与马乳中组成的甘油三酯含量最多（39%），具有增强智力、提高记忆力、保护视力、改善睡眠等作用（刘宇婷，2020）。此外，马乳富含亚麻酸，亚麻酸可高效转化为具有抗炎功效的二十碳五烯酸（EPA）和二十二碳六烯酸（DHA）（Huppertz 等，2017）。EPA 和 DHA 不仅是细胞膜的关键组成成分，还是前列腺素和前列腺环素等激素的必需前体物（Innis，2007；Uniacke-Lowe 等，2012）。它们在新生儿大脑和视网膜发育中发挥着至关重要的作用（Laiho 等，2002；Liu 等，2005；Salimei 和 Fantuz，2012）。此外，马乳中理想的 n-6/n-3 脂肪酸比例有助于维持人体炎症平衡，因为 n-3 脂肪酸的类二十烷醇具有抗炎功能，而 n-6 脂肪酸的类二十烷醇则具有促炎作用（Salimei 和 Park，2017）。

马乳脂肪酸因其独特的组成特征而具有显著营养优势和广泛的应用前景。在婴幼儿营养、功能性食品和特殊医学用途等领域展现出独特价值。然而，产业化生产仍面临产量低、稳定性差等挑战。未来应加强品种选育、优化饲养管理、创新加工技术和完善产业体系，推动马乳资源的高值化利用。随着研究的深入和技术的进步，马乳脂肪酸有望在营养健康领域发挥更大作用，为消费者提供更多优质的乳制品选择。

5.2.3　不同畜种乳脂肪酸组成对比

不同种类乳的脂肪酸含量差异很大，其组成受遗传、品种、胎次、泌乳期、饮食、环境和季节等诸多因素影响（王峰恩，2021）。乳中脂肪含量是哺乳动物乳中能量的主要决定因素。羊和水牛的乳中由于脂肪含量高而能值高，而马乳脂肪和能量水平非常低。人乳的总脂肪含量大致与一些反刍动物乳的种类一致。反刍动物乳中饱和脂肪酸含量普遍高于人乳，而单不饱和脂肪酸和多不饱和脂肪酸含量则低于人乳（表 5-3）。马乳和骆驼乳的脂肪酸组成与人乳最相似，人乳中共轭亚油酸和胆固醇的含量与反刍动物乳大致相似,马乳和牛乳的共轭亚油酸和胆固醇含量都较低,而骆驼和牦牛乳的胆固醇含量要高得多(Crowley 等,2017)。

此外,与人乳中的脂肪酸组成相比,马乳中的棕榈酸(21.8 g/100 g 脂肪酸)和亚麻酸(10.7 g/100 g 脂肪酸)含量与人乳中相似,肉豆蔻酸(6.7 g/100 g 脂肪酸)、棕榈油酸(2.7 g/100 g 脂肪酸)和亚麻酸(1.0 g/100 g 脂肪酸)含量比人乳中较高,但硬脂酸的含量比人乳中的较低(7.5 g/100 g 脂肪酸)(Darragh 等,2011;Salimei 等,2017)。与牛乳相比,马乳中乳脂的硬脂酸(13.2 g/100 g 脂肪酸)含量特别低,但亚油酸(1.13 g/100 g 脂肪酸)和亚麻酸(0.6 g/100 g 脂肪酸)含量较高(Devle 等,2012;Salimei 等,2017)。与人乳和牛乳相比,马乳中的辛酸C8:0含量非常高。中链脂肪酸特别是C10:0和C12:0,在马乳(20%～35%的脂肪酸含有<16C)中含量很高,这表明它们是由以葡萄糖作为脂肪酸合成的主要前体物产生的(Palmquist,2006;Uniacke-Lowe 等,2012)。

表 5-3 不同种类乳的脂肪酸组成 单位:%

脂肪酸类型	人乳	牛乳	山羊乳	绵羊乳	水牛乳	马乳	骆驼乳	牦牛乳
饱和脂肪酸	39.4～45	55.7～72.8	59.9～73.7	57.5～74.6	62.1～74	37.5～55.8	47～69.9	60～65
单不饱和脂肪酸	33.2～45.1	22.7～30.3	21.8～35.9	23.0～39.1	24.0～29.4	18.9～36.2	28.1～31.1	3.8～18
多不饱和脂肪酸	8.1～19.1	2.4～6.3	2.6～5.6	2.5～7.3	2.3～3.9	12.8～51.3	1.8～11.1	2～6.2
n-6/n-3	7.4～8.1	2.1～3.7	4	1.0～3.8	—	0.3～3.5	—	—
共轭亚油酸	0.2～1.1	0.2～2.4	0.3～1.2	0.6～1.1	0.4～1.0	0.02～0.1	0.4～1.0	0.2

资料来源:Crowley 等,2017。

5.2.4 影响马乳脂肪酸组成的因素

不同类别乳的脂肪酸组成又受到多种因素的影响，主要有遗传因素（品种差异）、饲养管理（饲料组成、饲养方式）、生理因素（泌乳阶段、胎次）以及环境因素（季节、地域）等（Robles等，2023）。马乳脂肪酸组成受遗传和环境因素的共同影响，其中，遗传因素决定了脂肪酸代谢的潜在能力。传统乳用马品种表现出显著的脂肪酸组成优势，哈萨克马：n-3多不饱和脂肪酸含量最高（8%～12%），共轭亚油酸含量达1.2%～1.8%；蒙古马：油酸比例高（25%～30%），n-6/n-3比例3∶1～4∶1（徐敏等，2017）；冰岛马：中链脂肪酸（C8:0–C12:0）含量较高（3%～5%）（Rivero等，2024）。相比之下，运动型品种（如纯血马）乳中，饱和脂肪酸比例较高（55%～65%），多不饱和脂肪酸含量较低（8%～12%），n-6/n-3比例偏高（6∶1～8∶1）（侯文通等，1988）。饲料组成是影响马乳脂肪酸组成的最主要因素，特别是牧草中的多不饱和脂肪酸前体物质含量直接影响马乳中n-3脂肪酸水平。例如，放牧马摄入的新鲜牧草富含亚麻酸，可显著提高乳中多不饱和脂肪酸含量。相比之下，以精饲料为主的马乳多不饱和脂肪酸含量较低（Salimei和Fantuz，2012）。

马乳脂肪酸组成在整个泌乳期呈现明显的动态变化特征。这种时序性变化反映了母马对幼驹不同发育阶段的营养适应策略，也是乳腺分泌功能变化的直接体现。初乳期（产后0～5 d）是乳腺分泌初乳的特殊阶段，乳成分与常乳差异明显，富含免疫球蛋白和生长因子。总脂肪含量高（2.5%～4.0%），显著高于常乳，饱和脂肪酸占优势（55%～65%），特别是棕榈酸（C16:0），不饱和脂肪酸比例低（35%～45%），短链脂肪酸含量较高（C4:0-C10:0），功能性脂肪酸含量低（如共轭亚油酸、n-3多不饱和脂肪酸）。过渡乳期（产后6～15 d）是从初乳向常乳转变的过渡阶段，乳成分快速变化，免疫球蛋白含量逐渐降低（Jastrzębska等，2017）。总脂肪含量下降（2.0%～2.5%），不饱和脂肪酸比例上升（40%～50%），多不饱和脂肪酸开始积累（10%～15%），n-6/n-3比例逐渐优化，中长链脂肪酸比例增加。成熟乳期（产后16 d至4个月）是乳成分相对稳定的阶段，是持续时间最长的主要产乳期。脂肪含量最低（1.0%～1.8%），不饱和脂肪酸占优势（50%～60%），多不饱和脂肪酸达峰值（15%～25%），n-6/n-3比例最优（2∶1～4∶1），功能性脂肪酸丰富（共轭亚油酸、α-亚麻酸等）。泌乳后期（产后5个月至干乳）是泌乳量逐渐下降的阶段，乳成分开始发生变化，为下一个繁殖周期做准备。脂肪含量略有回升（1.5%～2.0%），饱和脂肪酸比例增加（45%～55%），不饱和脂肪酸比例下降，功能性脂肪酸含量降低，脂肪酸组成变异性增大（Kouba等，2019）。

马乳脂肪酸组成具有较高的可塑性，其显著特征是会随营养供给的变化而发生相应改变。这种特性使得通过营养调控手段定向改变马乳脂肪酸组成成为可能。近年来，随着对功能性乳制品需求的增加，营养因素对马乳脂肪酸的影响受到越来越多的关注。科学调控马乳脂肪酸组成，不仅可以提升其营养价值，还能开发具有特定健康功效的马乳产品（Blanco-Doval等，2024）。不同基础饲料类型导致马乳脂肪酸组成的显著差异，牧草类饲料能显著提高n-3多不饱和脂肪酸含量（提高30%～50%），降低n-6/n-3比例（可达2∶1～3∶1），增加共轭亚油酸含量，典型代表有苜蓿、三叶草等豆科牧草。精饲料类能增加 n-6 脂肪酸比例，提高饱和脂肪酸含量（特别是 C16:0），导致 n-6/n-3 比例升高（可达 8∶1～10∶1）。粗饲料质量会显著影响马乳中脂肪酸组成，特别是牧草中的多不饱和脂肪酸前体物质含量直接影响马乳中 n-3 脂肪酸水平。饲喂新鲜牧草后，马乳中 n-3 多不饱和脂肪酸含量最高（C18:3 n3 占 8%～12%），饲喂青贮饲料后，马乳中 n-3 多不饱和脂肪酸部分保留（C18:3 n3 占 5%～8%），饲喂干草，马乳中 n-3 PUFA 显著降低（C18:3 n3 占 3%～5%），秸秆类粗饲料营养价值最低，对脂肪酸影响小。营养因素是调控马乳脂肪酸组成最有效的手段之一（Lecerf 等，2007）。通过科学设计日粮组成、优化饲养方式和合理使用功能性添加剂，可显著改善马乳脂肪酸组成，提高其营养价值和功能特性。在实际生产中，应根据不同的产品定位和目标消费群体，制定差异化的营养调控方案（Frega，2011）。

5.3　马乳的甘油三酯及其营养特性

甘油三酯由一分子甘油和三分子脂肪酸酯化而成（Innis，2011），因此，脂肪酸组成和分布的多样性决定甘油三酯的多样性（Beccaria 等，2014）。根据立体化学命名法将 3 个酯化位点命名为 sn-1、sn-2 和 sn-3（Jensen，2002）。乳甘油三酯通常由碳链长度 4～24，双键个数 1～6 的脂肪酸组成。这些脂肪酸在 3 个位点的酯化作用并不是随机的，因而每种脂肪酸在 3 个位点的酯化概率也是不同的（Michalski，2009）。甘油三酯是乳中含量最高的脂类，占总脂肪的 98% 以上，其组成影响乳及乳制品的物理性质和营养价值（Smiddy 等，2012）。通过研究多种动物乳中甘油三酯中脂肪酸的位置分布，发现短链脂肪酸优先在 sn-3 位酯化，饱和脂肪酸在 sn-1 位酯化，不饱和脂肪酸通常在 sn-2 位酯化（Uniacke-Lowe 等，2022）。

5.3.1 马乳甘油三酯的基本组成情况

甘油三酯（Triacylglycerol，TAG）是马乳脂肪的主要存在形式（95%），其分子结构由甘油骨架和三个脂肪酸链组成。马乳 TAG 的组成特征直接影响乳脂肪的物理性质、消化吸收率和营养功能（Lin 等，2024）。研究表明，马乳 TAG 富含不饱和脂肪酸（40%～55%），其中，油酸（C18:1 n9c）在 sn-2 位点占比高达 60%～70%，形成独特的油酸 - 棕榈酸 - 油酸（O-P-O）（1,3- 二不饱和 -2- 饱和）结构模式。马乳 TAG 分子种以含 C18:1 的组分为主（如 OPO、OOL），占总 TAG 的 35%～45%。这些组成特征使马乳脂肪具有较低的熔点（25～30℃）和较高的消化吸收率（>95%）。与牛乳相比，马乳 TAG 具有更高比例的不饱和脂肪酸和独特的位点分布模式，这些特性使其在婴幼儿营养和功能性食品领域具有特殊价值。马乳 TAG 中的脂肪酸组成呈现以下特征：饱和脂肪酸（SFA）40%～55%，棕榈酸（C16:0）20%～25%（sn-2 位占 15%～20%），硬脂酸（C18:0）5%～10%（sn-2 位 <5%），肉豆蔻酸（C14:0）5%～8%（sn-2 位 3%～5%）。不饱和脂肪酸 45%～60%，油酸（C18:1 n9c）25%～35%（sn-2 位 60%～70%），亚油酸（C18:2 n6c）10%～15%（sn-2 位 15%～20%）（Deng 等，2022）。马乳 TAG 表现出显著的立体特异性分布，sn-2 位：油酸占优势（60%～70%），

棕榈酸占 15%～20%；sn-1,3 位：棕榈酸（25%～30%）和亚油酸（15%～20%）为主；特殊结构：O-P-O 型 TAG（sn-1 油酸 -sn-2 棕榈酸 -sn-3 油酸）占 15%～20%。α-亚麻酸（C18:3 n3）：5%～10%（sn-2 位 5%～8%）（Tanhuanpää 等，1965）。

5.3.2 马乳甘油三酯营养特性

马乳甘油三酯因其独特的组成特征而具有显著的营养优势和应用潜力。与牛乳相比，马乳 TAG 含有更高比例的不饱和脂肪酸（40%～55%）、更理想的 n-6/n-3 比例（2:1～4:1）以及特殊的 sn-2 位油酸分布模式（60%～70%）。这些特性使马乳脂肪在消化吸收率（>95%）和生物活性方面表现突出（Tultabayeva 等，2015）。马乳中甘油三酯具有的分子结构特征：① sn-2 位优势分布：油酸在 sn-2 位占比达 60%～70%，形成易消化的 O-P-O 结构（1,3-二油酸 -2-棕榈酸甘油三酯）；② 分子种多样性：已鉴定出 32 种 TAG 分子种，其中，油酸 -棕榈酸 -油酸（OPO）（15%～20%）、油酸 -油酸 -亚油酸（OOL）（10%～15%）和三亚油酰甘油（LnLLn）（3%～5%）为特征组分；③ 物理特性：熔点低（25～30℃），固态脂肪含量（20℃时 15%～20%）显著低于牛乳脂肪。马乳中甘油三酯还具有消化吸收优势，胰脂酶高效水解：sn-1,3 位点水解率 >95%，sn-2 位保留率 85%～90%（Watson 等，1993）；吸收路径优化：中链脂肪酸直接门静脉吸收 sn-2 单甘酯通过淋巴系统转运；钙皂减少效应：低 sn-2 棕榈酸（15%～20%）使钙损失比牛乳减少 40%～50%（Maresch 等，2019）。马乳甘油三酯还具有功能活性成分，n-3 系列 TAG：含 5%～10% α-亚麻酸，可转化为二十碳五烯酸/二十二碳五烯酸；共轭亚油酸 TAG 含量为 0.8%～1.5%，具有抗炎、调节脂代谢作用（Herrera 等，1988）。

5.3.3 不同畜种乳甘油三酯组成对比

不同畜种乳甘油三酯因物种进化适应和乳腺合成途径差异而形成独特的组成特征。各畜种乳 TAG 在脂肪酸不饱和程度（马乳 55%～60% ＞骆驼乳 50%～55% ＞水牛乳 30%～35%）、sn-2 位点棕榈酸占比（人乳 70% ＞马乳 15%～20% ＞牛乳 40%～45%）及特征分子种（马乳富含 OPO、牛乳含 PPO、羊乳含 SCS）等方面存在显著差异（Akishev 等，2022；温佩佩等，2023）。这些差异直接影响乳脂肪的消化特性（马乳胰脂酶水解率＞95%）和营养功能（马乳 n-6/n-3 比例 2∶1～4∶1 最优）。

不同畜种乳 TAG 在分子组成和营养功能上存在系统性差异：马乳以高不饱和 TAG（特别是 sn-2 油酸结构）和优质 n-6/n-3 比例为特征，最接近人乳需求；牛乳 sn-2 棕榈酸结构可能影响矿物质吸收；山羊乳短链甘油三酯提供快速能量；骆驼乳长链不饱和脂肪酸具有神经保护潜力（Wang 等，2023）。

5.3.4 影响马乳甘油三酯组成的因素

乳甘油三酯（TAG）是乳脂肪的主要成分（占 95% 以上），其分子结构由甘油骨架和三个脂肪酸链组成。甘油三酯的组成特征直接影响乳制品的营养价值、物理特性和功能性质（Barello 等，2008）。不同来源的乳 TAG 在脂肪酸组成、sn- 位点分布和分子构成等方面存在显著差异，这些差异主要受遗传、营养、生理、环境和微生物等多方面因素的共同

影响。

马乳甘油三酯的组成特征受遗传因素的调控,这种调控体现在脂肪酸选择、sn-位点特异性和分子合成等多个层面。不同哺乳动物乳腺的甘油三酯合成途径存在本质差异。反刍动物(如牛、羊)由于瘤胃微生物的生物氢化作用,其乳甘油三酯中饱和脂肪酸比例显著高于非反刍动物(如马、驴)。马科动物保留了 $\Delta12/\Delta15$ 去饱和酶活性,使得其乳甘油三酯中含有 5%～10% 的 α-亚麻酸(C18:3 n3)。哈萨克马的 SCD 基因表达量是纯血马的 2～3 倍,其乳甘油三酯中油酸(C18:1n 9c)含量可达 30%～35%,且 sn-2 位油酸比例高达 60%～70%,形成特殊的 OPO 型结构(1,3-二油酸-2-棕榈酸甘油三酯)(徐敏等,2017)。品种间 TAG 组成差异,哈萨克马:OPO 含量最高(18%～22%),n-3 系甘油三酯(如 LnLLn)占比达 5%～7%,sn-2 油酸比例(65%～75%)显著高于其他品种,总不饱和甘油三酯占比为 55%～65%。蒙古马:OOL 含量突出(12%～15%),中链甘油(C8～C12)占比 3%～5%,脂肪球粒径最小(平均 1.8 μm)。纯血马:PPO 含量较高(5%～8%),饱和甘油三酯占比(50%～55%),sn-2 棕榈酸比例为 20%～25%,但是 TAG 中 sn-分子种多样性较低。阿拉伯马:特殊甘油三酯(C18:1～C20:4～C18:2)存在,长链多不饱和脂肪酸的甘油三酯占比 2%～3%,抗氧化 TAG 含量高。

马乳甘油三酯组成受泌乳阶段的影响。从初乳到常乳过程中,马乳甘油三酯的脂肪酸组成、sn-位点分布和分子构成均发生显著改变,直接影响马乳的营养价值和功能特性(Derisoud 等,2023)。初乳期(0～5 d):富含免疫球蛋白(IgG 50～80 mg/mL),总固体含量高

（25%～30%），饱和脂肪酸占优势（60%～65%），棕榈酸（C16:0）含量最高（25%～30%），不饱和脂肪酸比例低（35%～40%）。马在泌乳的 6～15 d，乳中免疫物质逐日递减，总脂肪含量下降（4.0%→2.5%），不饱和脂肪酸比例每周增加 5%～8%，n-3 脂肪酸含量从 3% 升至 6%。在产奶稳定期 16 d 至 4 个月，乳中不饱和脂肪酸占主导（55%～65%），油酸（C18:1 n9c）含量达峰值（30%～35%），n-6/n-3 比例最优（2:1～3:1），马乳的消化吸收率高（胰脂酶水解率>95%），并且，这一阶段马乳中的 n-3 TAG 的含量和生物活性较高，因此具有抗炎功能（n-3 TAG 生物活性）。泌乳后期（5 个月至干乳）：马乳产量逐渐下降，乳成分开始变化，饱和脂肪酸比例回升（45%～50%），中链甘油三酯增加至 5%～8%，功能性甘油三酯（如 CLA-TAG）减少（Derisoud 等，2023）。

日粮营养是影响马乳甘油三酯组成的重要因素之一。放牧饲养的马匹，其乳甘油三酯中 n-3 系脂肪酸含量可达舍饲马的 2～3 倍，这主要源于新鲜牧草中丰富的 α-亚麻酸（占牧草脂肪酸的 50%～60%）（Hoffman 等，1998）。马匹的季节性放牧管理可使马乳 OPO 型甘油三酯含量从 12%～15%（舍饲）提升至 18%～22%（放牧），这与牧草中多不饱和脂肪酸前体的供应直接相关（Grace 等，1999）。牧草品质：饲喂优质苜蓿使马乳 n-3 甘油三酯含量提高 2～3 倍（ALA 前体含量达 50%～55%），牧草成熟度：饲喂初花期牧草比饲喂盛花期牧草，马乳共轭亚油酸-甘油三酯高 40%～50%（Guay 等，2002）。精料组成：饲喂大麦型日粮导致马乳 OPO 型甘油三酯含量减少 15%～20%，燕麦补充可提升马乳 sn-2 油酸比例（从 60% 提升至 68%）。能氮平衡：代谢能

13～15 MJ/kg 时甘油三酯合成效率最高。赖氨酸:蛋氨酸 =3∶1 时 SCD 酶活性提升 25%。矿物质影响：钴（维生素 B_{12} 前体）促进奇数碳甘油三酯合成，硒（0.3 mg/kg）保护不饱和脂肪酸免于氧化（Končurat 等，2019）。

5.4　马乳中的磷脂及其营养特性

磷脂是细胞膜中最丰富的脂质成分，其主要作用是维持膜双层的结构完整性。磷脂分子由一个甘油骨架组成，其中，两个羟基连接到脂肪酸上，另一个羟基连接到磷酸基团上，磷酸基团进一步连接到一个简单的极性有机分子上（Bowen-Forbes 等，2024）。磷脂在哺乳动物乳脂肪中所占比重较小，具有疏水、亲水属性，这种特别的属性使得磷脂可以发挥稳定水相中悬浮乳脂的作用，并且可以使浓度相对较高的乳脂和蛋白质存在于同一溶液中（Parodi，1979）。超半数的磷脂与完整的脂肪球膜相结合，剩下的小部分磷脂留在水相中，与溶解的蛋白质膜结合（王国祥等，2018）。哺乳动物乳脂肪中磷脂主要由磷脂酰胆碱（又称卵磷脂）、磷脂酰乙醇胺（又称脑磷脂）、磷脂酰肌醇（又称肌醇磷脂）、磷脂酰丝氨酸、溶血磷脂和鞘磷脂（sphingomyelin，SP）构成（Leonard 等，2019）。

5.4.1　马乳磷脂的基本组成情况

马乳中磷脂含量约为 47 mg/L，主要由磷脂酰胆碱（46.9%）、鞘磷脂（37%）、磷脂酰乙醇胺（7.8%）和磷脂酰丝氨酸（5.5%）组成（Barello 等，2008）。磷脂和糖脂是乳脂球膜的骨架成分，约 2/3 通过不对称分布维持膜的稳定性和生物活性，其余 1/3 在水相中以乳化碎片或生物活性载体形式存在。其在消化调节、神经发育及疾病预防中的多重功能，推动了婴儿配方奶粉与功能性乳品的技术革新（MacGibbon 等，2011）。磷脂是主要由多不饱和脂肪酸构成的复杂脂类化合物，作为细胞膜脂蛋白层的结构成分存在于所有活细胞中（MacGibbon 等，2011）。马乳的糖脂含量为 9.2 mg/kg，含有唾液酸（0.42 g/kg）的神经节苷脂含量为 1.6 mg/kg（Barello 等，2008）。

5.4.2　马乳中磷脂的营养特性

磷脂在脂质的消化、吸收和转运过程中起着重要的生物学作用（Favé 等，2004），参与机体炎症过程以及信号通路（Duan 等，2009；Shimizu，2009），并且是所有细胞膜的脂质双层的基本组分（Van 等，2008）。

磷脂可以直接从饮食中获取或通过机体的从头合成产生（Garcia 等，2012）。饮食中磷脂通常以低量消耗，每天为 2～5 g（Favé 等，2004），广泛存在于鸡蛋、大豆、肉类、牛奶和其他乳制品等食物中（Garcia 等，2012）。磷脂在乳制品中很重要，因为它们是良好的乳化剂。因此，大部分磷脂（60%～65%）存在于乳脂球周围的膜中，而其余的存在于乳血浆中（Huppertz，2017）。磷脂被认为是一种具有保健作用的营养物质，对婴儿大脑的快速发育至关重要（Wu 等，2019）。磷脂酰胆碱可有效地改善或治疗肝脏疾病；磷脂酰丝氨酸在中枢神经系统发育过程中具有重要作用；磷脂酰乙醇胺或磷脂酰肌醇发挥降低胆固醇的作用；溶血磷脂可降低胆固醇吸收和参与幼畜或婴儿的肠道成熟；鞘磷脂显示出强

的抗肿瘤活性，可以影响胆固醇的代谢，并表现出抗感染活性（Parodi，2004；Garcia 等，2012）。

5.4.3 不同畜种乳磷脂组成对比

与人乳（1.3%）和牛奶（1.5%）相比，马乳中乳脂的磷脂含量最高（5%）（Salimei 等，2017）。与牛乳相比，马乳中磷脂酰乙醇胺含量较低（马乳 18.60% vs 牛乳 31.80%），而磷脂酰丝氨酸（马乳 8.10% vs 牛乳 3.10%）的含量相对较高。与人乳相比，马乳中溶血磷脂（马乳 1.50% vs 人乳微量）的含量相对较高；马乳中鞘磷脂（31.50%）与人乳（38.90%）的比例相似（邱冀等，2021）。不同哺乳动物乳的磷脂含量见表 5-4（邱冀等，2021）。

表 5-4 不同哺乳动物乳的磷脂含量　　　　　　　　　　单位：%

磷脂种类	人乳	牛乳	水牛乳	牦牛乳	山羊乳	绵羊乳	马乳	驴乳	骆驼乳
磷脂酰胆碱	27.50	34.50	27.80	29.51	25.70	29.20	21.30	25.25	24.00
磷脂酰乙醇胺	19.50	31.80	29.60	42.12	33.30	36.00	18.60	35.85	35.90
磷脂酰肌醇	5.30	4.70	4.20	5.02	5.60	3.40	6.50	4.20	5.90
磷脂酰丝氨酸	8.40	3.10	3.90	5.26	6.90	3.10	8.10	4.00	4.90
溶血磷脂	微量	0.80	2.40	2.30	0.50	—	1.50	1.20	1.00
鞘磷脂	38.90	25.20	32.10	31.20	27.90	28.30	31.50	29.20	28.30

资料来源：邱冀等，2021。

5.5 马乳中胆固醇的营养特性

胆固醇（$C_{27}H_{46}O$）的分子结构上由四个相连的烃环、一个烃尾和一个在相对端的羟基组成，是一种两亲分子，含有疏水和亲水部分

(Hoffmann等，2021）。胆固醇在所有哺乳动物细胞膜中起着重要的结构作用，是介导各种细胞过程的信号转导途径的关键物质（Ontsouka等，2014；Koletzko，2016）。由于胆固醇不溶于水，必须与水溶性蛋白质结合才能在体内运输，从而形成脂蛋白，如高密度脂蛋白和低密度脂蛋白（Bowen-Forbes等，2024）。

5.5.1 马乳胆固醇的基本组成情况

马乳中胆固醇含量（5.0～8.8 mg/dL乳）低于牛乳（Salimei等，2013），马乳粉中的胆固醇含量约为43.75 mg/100 g（张瑾等，2021）。马乳脂肪中不皂化物的比例（4.5%）高于牛乳脂肪（1.5%）和人乳脂肪（1.3%）（Salimei等，2017）。这部分不皂化物主要由甾醇组成，胆固醇是主要的甾醇成分，占人乳、牛乳和马乳中脂质含量的0.3%～0.4%（Salimei等，2017）。然而，由于马乳中脂肪含量低，每250 mL乳中的胆固醇含量平均分别为13～57 mg（Markiewicz-Kęszycka等，2015）。马乳及马乳粉脂肪含量较低，不饱和脂肪酸，特别是多不饱和脂肪酸所占比例显著较高，因此，其胆固醇含量也相应较低（张瑾等，2021）。目前，对于马乳中胆固醇的含量、存在形式及对人体健康的影响尚未被系统研究，仅有少量零散数据。

5.5.2 马乳胆固醇的营养特性

马乳脂肪中的胆固醇嵌入乳脂肪球膜的磷脂双分子层中，对乳脂肪球膜的稳定性起着关键作用（Brink等，2020）。这种特性不仅有助于马乳在加工和储存过程中的稳定性，还使其在营养传递方面更具优势。此外，胆固醇在马乳中的存在形式使其能够高效地促进婴儿体内长链脂肪酸的吸收和运输（Hageman等，2019），这对于婴儿大脑和神经系统的发育至关重要。马乳中的胆固醇还作为胆汁酸、脂蛋白、维生素D、激素和氧化甾醇等重要调节剂的前体物质，满足婴儿的生长发育需求（Koletzko等，2016）。特别是在中枢神经系统发育方面，胆固醇在马乳中的独特存在形式有助于髓磷脂膜的形成和稳定，这对大脑的健康发育具有重要意义（Meng等，2021）。此外，马乳中的胆固醇还调节膜的流动性和渗透性，维持膜的结构完整性，参与精子和胚胎发育（Bowen-Forbes等，2024）。这些功能不仅对婴儿的早期发育至关重要，也为马乳在功能性食品中的应用提供了科学依据。马乳的这些独特特性使其成为一种极具潜力的营养来源，尤其适合对营养吸收和发育有特殊需求的人群。

5.5.3 不同畜种乳胆固醇组成对比

不同家畜乳粉中脂肪和胆固醇含量见表5-5。在不同家畜乳粉中，马乳粉的脂肪含量为15.09%±0.64%，显著低于双峰驼乳粉（37.68%±1.17%）和羊乳粉（25.20%），与牛乳粉（22.30%）相近，但低于其含量。马乳粉的胆固醇含量为（43.57±3.35）mg/100 g，显著低于双峰驼乳粉［（89.17±3.12）mg/100 g］、牛乳粉（79.00 mg/100 g）和羊乳粉（75.00 mg/100 g），仅高于驴乳粉［（38.17±6.96）mg/100 g］（Ontsouka等，2014；Skidan等，2016；Koletzko等，2016；Hoffmann等，2021）。此外，马乳粉的胆固醇含量［（2.89±0.34）mg/100 g脂肪］低于双峰驼乳粉［（2.37±0.08）mg/100 g脂肪］（Gorban等，1999）和牛乳粉

（3.54 mg/100 g 脂肪），与羊乳粉（2.97 mg/100 g 脂肪）相近（徐敏等，2021）。马乳粉的低脂肪和低胆固醇特性使其成为一种健康、营养均衡的乳品选择，尤其适合需要控制脂肪和胆固醇摄入的人群。

表 5-5 不同家畜乳粉中脂肪和胆固醇含量比较

种类	双峰驼乳粉	牛乳粉	羊乳粉	马乳粉	驴乳粉
脂肪（%）	37.68±1.17	22.3	25.2	15.09±0.64	8.57±0.83
胆固醇（mg/100 g）	89.17±3.12	79	75	43.57±3.35	38.17±6.96
胆固醇（mg/100 g 脂肪）	2.37±0.08	3.54	2.97	2.89±0.34	4.46±0.62

资料来源：徐敏等，2021。

5.5.4 影响马乳胆固醇组成的因素

马乳中胆固醇的含量和组成受多种生理、遗传及环境因素的综合影响。首先，泌乳期阶段是关键因素之一。研究表明，初乳中的胆固醇含量相对较高，随后随着泌乳期的推进，逐渐趋于稳定（Navrátilová 等，2018）。这可能与乳中脂肪酸、胆固醇的合成机制和乳脂球膜结构变化有关。SREBP 是调控脂肪酸和胆固醇合成通路的关键基因家族，低表达 SREBP1 可减少乳中脂肪酸摄取，进而影响胆固醇的含量。SCD1 基因多态性通过影响去饱和酶活性，改变乳脂中 MUFA/PUFA 比例。载脂蛋白 E（ApoE）基因多态性及胆固醇合成关键酶（如 HMG-CoA 还原酶）的表达量也会影响乳中胆固醇。此外，乳脂肪球膜蛋白（如 XOR 蛋白）的品种特异性结构，会影响胆固醇在乳脂相和水相中的分配比例，进而改变游离态与酯化态胆固醇的构成比（吕贺等，2018；Zidi 等，2010）。其次，母马的营养与日粮组成对胆固醇水平具有直接影响。高能量或高脂肪饲料可促进胆固醇的合成与分泌，而富含不饱和脂肪酸的饲料则可能抑制乳中胆固醇的积累（方美烟等，2018）。马的品种和个体差异也不容忽视，不同遗传背景的母马在乳脂合成能力和胆固醇代谢方面存在差异，研究表明，蒙古马乳胆固醇含量［(12.5±1.2)mg/100 mL］较纯血马乳［(10.3±0.8)mg/100 mL］高约21%。然而，环境因素如季节、气候与饲养管理方式亦可能通过调节代谢状态间接影响胆固醇含量（Huff等，2008）。最后，乳的处理与储存方式（如离心、冷藏、加热处理）对乳脂球膜的完整性和脂质结构也可能造成影响，从而影响最终检测到的胆固醇水平（张萌萌等，2022）。因此，系统评估这些因素对于合理开发与利用马乳资源、优化其营养品质具有重要意义。

6 马乳的碳水化合物组成及其营养特性

碳水化合物是糖类（包括单糖、双糖）、寡糖和多糖的总称，作为重要的能量来源营养素（李小彦等，2020）。马乳中的碳水化合物以乳糖为主。马乳脂肪球外表面形成的碳水化合物结构（糖被结构），其分子构型与母乳中的乳脂肪球膜（Milk Fat Globule Membrane，MFGM）结构相似，具有支链化特征。这种结构有助于延长胆汁盐和脂肪酶的作用时间，从而减缓脂肪在胃肠道的消化吸收。此外，马乳还具有多种生物活性功能，历史上曾被用作胃肠道及呼吸系统疾病的辅助治疗药物，如今，它不仅是部分亚洲国家日常膳食的组成部分，还富含溶菌酶等活性成分，能抗菌抗病毒，防治结核等细菌感染；马乳中的有益菌能调节婴儿肠道菌群；除了具有抑制血管紧张素转换酶的功能，马乳还能够维护血压稳定，还能够改善皮肤光泽（魏黎阳等，2023）。

马乳作为一种营养丰富的乳源，其营养成分组成与人乳高度相似（接近99%），在婴幼儿营养及特殊人群膳食中具有显著优势。马乳固有的物理化学性质，如不耐受酸碱处理、凝乳性差以及对热和化学作用的高度敏感性，为其加工带来了严峻挑战。这些特性决定了在加工过程中需极力避免高热、强酸碱等剧烈处理条件（赵家乐等，2021）。

马乳目前有液态乳、冻干粉、喷雾干燥粉和发酵乳等产品形式，主要的加工方式是发酵技术，如酸马乳产品 Koumiss。然而，在加工过程中常用的乳品加工技术，如巴氏杀菌、超巴氏杀菌和超高温瞬时灭菌（UHT）等杀菌技术容易破坏马乳中的活性成分（如特定酶类或蛋白），并显著改变乳蛋白的物理化学性质，导致蛋白质聚集、沉淀和不可逆变性等问题。这些变化不仅直接损害了马乳接近母乳的核心营养价值，也严重影响最终产品的感官品质和稳定性（陈宝蓉等，2023）。

马乳在致敏性方面比牛乳更有优势，特别是对于婴幼儿和老年群体。（Duan 等，2021）的研究发现马乳致敏组中出现严重呼吸道症状的小鼠数量显著低于牛乳致敏组，这一发现为开发面向食物过敏（尤其是牛乳蛋白过敏）儿童的低致敏性婴儿配方乳粉提供了重要的科学依据和应用前景。马乳中乳糖含量高，可为机体提供外源性碳水化合物，有利于减少体内糖原的分解，具有延缓疲劳的功效（于静，2020）。

6.1 马乳的乳糖及其营养特性

乳糖是存在于包括马乳在内的所有哺乳动物乳汁中的主要碳水化合物，它是一种二糖。其分子结构由一分子葡萄糖和一分子半乳糖通过 β-1,4-糖苷键连接而成，与其他乳中一样，马乳中的乳糖也以 α-乳糖和 β-乳糖两种旋光异构体的形式存在，负责血液和乳腺中肺泡腔之间的渗透平衡。乳糖是马乳中的主要碳水化合物，平均含量为 6.26%，明显高于牛乳、山羊乳或绵羊乳。马乳糖组学研究结果表明，马常乳中 2′-岩藻糖基乳糖（2′-FL）（17.78 μg/mL）浓度最高，与驴初乳和羊初乳含量接近，远高于牛乳和骆驼乳。随着泌乳期的推移，马乳中 2′-FL 含量增加，相同的趋势也出现在牛乳和骆驼乳中。定性结果显示，马乳中低聚糖种类远高于其他动物乳（表 6-1）。马常乳可作为提取非岩藻糖低聚糖和 NeuAc 低聚糖的最佳来源（陈宝蓉，2024）。

表 6-1 不同乳中乳糖含量对比

成分	马乳	牛乳	母乳	驴乳
乳糖（g/100 g）	6.26	4.71	6.69	6.23

资料来源：黄伟乾等，2025。

乳糖是鲜奶中能量的主要来源，也是消化系统中一种不可或缺的营养物质。然而，并不是每一个人都能耐受鲜奶。对于婴儿期内脏过敏患者，以及成年后未能保留消化这种双糖能力的人群，乳糖是饮食中需要谨慎对待的部分。乳糖酶缺乏症（lactase deficiency，LD）是指在小肠中无法表达将乳糖水解成半乳糖和葡萄糖的酶。成年白种人乳糖酶持久性的遗传机制是由2号染色体上LCTbo-13′910位点的单个C→T核苷酸多态性介导的。单核苷酸多态性（C→T）所介导的。乳糖吸收不良泛指任何原因导致的小肠无法充分消化和/或吸收乳糖的状态。这包括原发性、遗传性以及由于感染或其他影响小肠黏膜完整性的疾病而导致的继发性LD。乳糖不耐症（lactose intolerance，LI）被定义为LM患者摄入乳糖后出现腹痛、腹胀和腹泻等腹部症状。发生LI的可能性取决于机体摄入的乳糖剂量、乳糖酶表达和肠道微生物组情况。Misselwitz等（2019）研究提到肠道微生物群，特别是双歧杆菌或其他乳糖发酵细菌会影响肠道中乳糖的水平。Milla等（2021）研究表明LI患者所经历的特定肠道症状可能是肠道中双歧杆菌丰度改变的结果，而不是乳糖摄入的直接影响（图6-1）。马乳的乳糖含量较高，可通过发酵降低乳糖含量，发酵过程中乳糖被微生物分解为半乳糖和葡萄糖，适宜乳糖不耐受人群饮用且单糖更易于人体吸收。因此，研究低糖发酵技术在马乳中的应用，通过高效代谢乳糖，有望成为一种缓解乳糖不耐受症状的有效策略，为相关人群提供常规乳制品的替代方案（Wan等，2021）。

6 马乳的碳水化合物组成及其营养特性

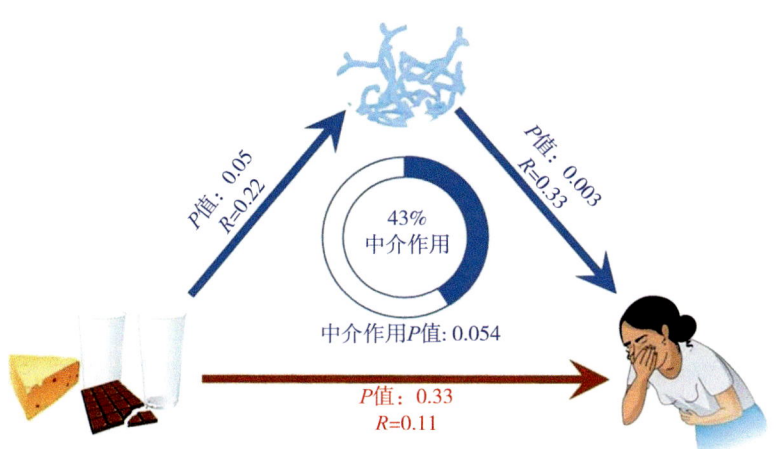

图 6-1 乳制品摄入量、双歧杆菌丰度和肠道不适之间的直接和间接关系分析

注：统计上显著的关联用蓝色箭头表示。非显著相关用红色箭头表示。LI 个体中与乳制品消费相关的肠道疾病的存在主要是由双歧杆菌丰度介导的。LI，乳糖不耐症。

马乳的乳糖是加工酸马奶的能源，易分解发酵，可保证高水平的乳酸发酵和酒精发酵。乳糖是酸马奶发酵的物质基础，酸马奶中乳糖的含量随加工方式而变化。酸马奶中含有蛋白质、脂肪、碳水化合物、维生素和其他生物活性物质，是一种高营养的辅助医治、预防相关疾病的天然饮品。这不仅取决于其优良的理化成分，也取决于发酵的产品（乳酸、乙醇、二氧化碳气体）在酸马奶中的含量。同时，乳酸可刺激食欲，改善消化功能（布仁巴雅尔等，2023）。研究表明，酸马奶的营养价值主要来自自身营养和微生物发酵所积累的有益代谢产物。由于混菌发酵体系前期，乳酸菌利用原马乳中的乳糖，代谢产生乳酸，使 pH 值降低至酵母菌增值的酸性条件，酵母菌开始酒精发酵，其代谢产物又促进乳酸菌的大量生长，乳酸等酸类物质大量积累，使得酸度增加，pH 值降低更快，从而导致后期抑制了菌的生长（Sudun 等，2013）。姜晶等（2016）从酸

马奶中提取得到的植物乳杆菌 DSM20174 细菌素有较好的抑菌作用，且 pH 值越小时，其抑菌活性越强。

6.2 马乳中的寡糖及其营养特性

6.2.1 马乳中的寡糖

寡糖又称低聚糖，分为功能性低聚糖和普通低聚糖，由 2～10 个单糖通过糖苷键连接而成（杨之恒等，2024）。寡糖能调节机体的某些生理活动，满足人体对食物和营养的有机特性需求。相对多糖而言，其分子量较小、溶解性较好、易被机体吸收，还具有防止食品中淀粉老化和结晶的功能，以及流动性好、低黏度、高保湿等物化特性，同时，由于其表面的活性基团被完全暴露，使得原有的生物活性得到提高，甚至产生了新的生物活性（王清等，2025）。

马初乳中的寡糖组成具有物种特异性，其结构与人乳寡糖约 63.00% 的重叠，这种高度相似性赋予其强效的益生元活性与免疫调节功能。马乳中的中性低聚糖占比最高（阎思宇等，2024）。Karav 等（2018）研究发现，在泌乳 7 d 内马乳中鉴定出 48 种低聚糖（包括异构体），与其他哺乳动物中唾液酸化低聚糖组成不同，马乳中的中性低聚糖占比为（58.30%），其次是唾液酸化低聚糖（33.30%），还有少量的岩藻糖基低聚糖结构（6.25%）和一种含有 NeuGc 的低聚糖结构（2.10%）。与猪乳、牛乳相比，母乳与马乳低聚糖种类构成更相似。Albrecht 等（2014）在马初乳中共鉴定出 40 种低聚糖，包括 17 种中性低聚糖、21 种酸性低聚糖和 2 种磷酸化低聚糖。Monti 等（2015）研究发现，所有马乳样品中均含 3′- 唾液酸乳糖（3′-SL），而 6′- 唾液酸乳糖（6′-SL）和二唾液酸乳糖 -N- 四糖（DSLNT）仅在部分样品中检出，且与反刍动物相比，单胃动物乳中的低聚糖种类更丰富。

6.2.2 马乳中寡糖的营养特性

马乳含有丰富的寡糖，其结构和浓度虽与人乳有差异，但同样具有重要的生物活性，对宿主健康，特别是肠道健康和免疫调节，发挥着关键作用。其主要营养特性如下。

（1）促进益生菌增殖。马乳寡糖可作为高效的益生元。它们能选择性地促进肠道内有益菌群，尤其是双歧杆菌和乳酸菌的定植与生长，帮助这些益生菌成为肠道微生物群落中的优势菌群。寡糖被这些益生菌发酵后产生的代谢产物也可为益生菌的生长繁殖创造有利环境，对宿主产生有益作用，进而调节机体对营养物质的消化吸收（Santos 等，2023）。王鹏等（2022）通过分离马乳源乳酸菌进行体外增殖实验发现，马乳寡糖中的关键成分如 2′- 岩藻糖基乳糖（2′-FL）能有效调节肠道菌群结构，直接促进益生菌的增殖，并展现出潜在的免疫调节和抗病原菌黏附功能。

（2）抑制病原菌生长。马乳寡糖不仅能滋养有益菌，还能通过多种机制抑制病原菌。一方面，它们为有益共生菌提供竞争优势，间接抑制病原菌的定植。另一方面，马乳寡糖的结构类似于肠道上皮细胞表面的受体，可作为"诱饵"或外源性竞争性受体，直接阻止病原微生物（如大肠杆菌、沙门氏菌等）黏附到肠道上皮细胞上。从而抑制其代谢产生细菌毒素，改善黏膜免疫系统（Jacobs 等，2023）。

（3）抗炎作用。马乳寡糖的摄入能够降低机体炎症性疾病的发生率，坏死性小肠结肠炎是引起早产儿发病和死亡的主要肠道疾病之一（Hall等，2017）。研究表明，动物乳来源的寡糖，包括马乳寡糖，具有显著的抗炎潜力。Wu等（2023）通过体内NEC模型发现动物乳寡糖（如马乳寡糖）可通过抑制炎症因子（如TNF-α、IL-6、IL-1β）的表达，同时，恢复肠道菌群中具有保护作用的核心菌属如双歧杆菌属、拟杆菌属和乳杆菌属丰度，这些作用直接影响肠道屏障，改善肠道功能，对预防或缓解NEC等炎症性肠病具有积极意义。

（4）调节免疫。马乳寡糖对肠道菌群组成和肠道上皮细胞功能的调节作用可间接影响机体的免疫反应。马乳（包括初乳、过渡乳和成熟乳）中的寡糖能够直接激活免疫细胞。例如，Zhang等（2021）的研究表明，马乳寡糖能够刺激腹腔巨噬细胞，显著提高其活性氧（ROS）的合成水平。活性氧是巨噬细胞杀伤病原微生物的重要武器，这一过程激活了关键的先天免疫防御机制，增强了机体对病原体的早期清除能力。因此，马乳寡糖通过直接作用于免疫细胞和间接通过塑造健康的肠道菌群-宿主互作，共同调节和增强宿主的免疫反应。

7 马乳的矿物质组成及其营养特性

马乳是人体必需的营养素之一,对于构建组织器官、维持细胞通透性、调节渗透压及酸碱平衡、维持神经肌肉的兴奋性以及参与酶系激活等生理功能具有重要作用。在众多矿物质中,钙、磷、钾、钠、镁、铁、锌、铜、硒等元素对人体健康至关重要。人体内矿物质元素约占各组织、体液、细胞及器官总质量的4%。大量研究证实,矿物质无论单独作用还是与其他元素协同平衡,均通过其结构支持、生化调节及营养供给等多元功能,在维系人体身心健康方面发挥着不可或缺的作用。作为关键催化因子,矿物质参与调控肌肉收缩、神经冲动传导及营养物质代谢等基本生理过程(Vahčić 等,2010)。其独特的离子特性使矿物质能够激活酶系,保障超过 300 种生化反应的正常进行。

7.1 马乳的矿物质组成

马乳是一种营养丰富的天然乳制品,其矿物质组成以钙、磷、镁、钾、钠、氯及微量元素(铁、锌、铜等)为主。如表 7-1 所示,相较于人乳及马乳、驴乳,水牛乳、骆驼乳、绵羊乳及山羊乳中主要元素的平均浓度普遍较高。值得关注的是,除驴乳外,马乳的铁含量与其他乳源基本处于同一水平。

表 7-1 不同畜种乳主要矿物质元素　　　　　　　单位:mg/L

矿物质	人	牛	水牛	山羊	绵羊	骆驼	马	驴
Ca	276	122	178.59	1 340	197.50	1 050~1 570	929	466.68
Mg	38	12	18.29	160	195	80~160	81	248.88
K	713	152	920~1 820	1 810	1 380	1 240~1 790	871	2 009.67
Na	159	58	350~950	410	390	360~730	174	910.55

7 马乳的矿物质组成及其营养特性

续表

矿物质	人	牛	水牛	山羊	绵羊	骆驼	马	驴
Fe	2.00	0.08	0.42～2.0	0.70	1	0.42～2.0	1.90	3.74
Zn	4.60	0.53	1.5～7.3	5.60	6	1.5～7.3	2.10	28.66

资料来源：Pietrzak-Fieko，2020；Kapadiya，2016；Dinesh，2022；Balthazar，2017；Nayak，2020。

7.2 影响马乳矿物质组成的因素

乳源中矿物质的存在形态具有重要战略意义，其化学形态直接关系到肠道吸收效率及最终生物利用度。乳品矿物质组成并非恒定不变，其含量受哺乳阶段、动物个体差异、饲养环境及遗传特征等多重因素影响，这一结论已在 Zamberlin 等（2012）的研究中得到系统阐释。

泌乳阶段：初乳阶段矿物质含量最高（尤其是钠和氯），随泌乳期延长逐渐下降。泌乳中期矿物质组成趋于稳定，末期可能因母体营养储备减少而波动。

牧草与饲料：牧草中矿物质含量直接影响乳汁成分。例如，缺硒土壤地区放牧的马匹，其乳中硒含量可能不足。饲料添加剂（如磷酸盐、钙盐）可针对性调节乳中矿物质水平。

环境因素：一是温度，高温环境可能抑制采食量，导致矿物质摄入减少；二是湿度，高湿环境下牧草矿物质吸收率降低，间接影响乳汁成分。

品种与个体差异：不同马品种（如蒙古马、哈萨克马）因遗传和适应性差异，乳汁矿物质组成存在微小波动。

7.3 马乳及其制品的矿物质营养特性

马乳具有低矿物质负荷性，适合肾功能不全或须限制矿物质摄入的人群；具有高镁、高钾性，有助于心血管健康和肌肉功能恢复；是天然低钠食品，适合高血压患者。马乳凭借其独特的矿物质比例和低负荷特性，在特殊医学用途食品和功能性食品开发中具有潜力，但需通过科学饲养和加工技术创新克服其天然局限性。

近年来，研究发现，马乳粉中含有丰富的矿物质，尤其是钙含量较高，成为人体补充矿物元素，尤其是补钙的最佳食品之一。据殷娜等报道，新疆马乳粉平均含钙 805.00 mg/100 g，含磷 431.67 mg/100 g；钾、钠、镁、氯的平均含量分别为 604.67 mg/100 g、229.00 mg/100 g、70.13 mg/100 g、290.00 mg/100 g；铁、锌、铜含量分别为 0.38 mg/100 g、2.12 mg/100 g、0.09 mg/100 g，硒含量为 4.77 μg/100 g。这些矿物质含量丰富，有助于人体补充所需的矿物元素（殷娜，2021b）。

7.4 马乳及其制品中矿物质的生理功能

马乳及其制品富含多种矿物质，钙和磷是构成骨骼和牙齿的主要成分，其中，钙对维持骨骼健康具有重要作用，还参与神经传导、肌肉收缩、血液凝固等生理过程，磷则同时参与能量代谢、细胞膜的构成等生理过程；钾有助于维持细胞内外电解质平衡，可调节血压，降低心脏病风险；钠参与调节体液平衡、血压稳定等生理过程；镁作为多种酶的激活剂，参与蛋白质合成、能量代谢等生理过程；铁是血红蛋白的主要成分，有助于运输氧气和营养物质；锌参与多种酶的构成，促进生长发育，增强免疫力；铜参与铁的吸收和利用，维持神经系统和免疫系统功能；而硒具有抗氧化作用，能增强免疫力，预防心血管疾病。

7.5 马乳及其制品的矿物营养特性

马乳中钙磷比为1.86∶1，接近人乳的2∶1，有利于人体消化吸收。其含有的乳糖、氨基酸、维生素等成分，可促进钙的吸收，提高钙的利用率。作为一种富含矿物质的天然食品，马乳及其制品不仅具有补钙、提高免疫力等多重生理功能，还能让牛奶过敏者安全食用。适量食用马乳及其产品，有助于维持人体健康。然而，在食用过程中，也需注意饮食均衡，确保全面摄入各类营养素。

8 马乳的维生素的组成及其营养特性

维生素是机体维持生命活动不可或缺的一类微量有机化合物。大多数维生素在人体内不能合成，也不能大量储存于机体组织内，必须由食物提供。作为乳品中重要的生物活性成分，维生素通过参与生理调控、生化反应及代谢进程发挥关键作用。其生物学功能具有高度特异性，在维持机体稳态中构成不可替代的营养要素。

8.1 马乳的维生素组成

马乳的维生素组成主要包括水溶性维生素和脂溶性维生素，其含量会因饲养环境和泌乳阶段的不同而有所变化。如表 8-1 所示，马乳和驼乳的维生素 C 含量远超其他乳品，比人乳、牛乳、山羊乳等常见乳品要高，使其成为天然的维生素 C 重要来源（Devaki，2017）。维生素 C 是一种强大的抗氧化剂，对免疫系统、胶原蛋白合成和铁吸收非常重要，饮用马乳是摄入维生素 C 的有效途径。

马乳中的维生素 B_2 含量是所有畜种乳中最低的，远低于牛乳、水牛奶、山羊乳和绵羊乳，甚至低于人乳的下限（Shukla，2024）。维生素 B_2 参与能量代谢和细胞功能，因此，依赖马乳作为主要营养来源时，需要注意补充富含 B_2 的食物。

马乳中的烟酸含量高于牛乳和水牛奶，低于山羊乳和绵羊乳，接近人乳上限，属于中等偏上水平。维生素 B_1 和维生素 B_{12} 的含量均低于反刍动物乳（牛、水牛、山羊、绵羊），略高于人乳，与骆驼乳含量接近（Williams，2005；Fricker 等，2018）。

在脂溶性维生素方面，马乳的维生素 A 含量与多数其他乳品一致，低于人乳、水牛奶、山羊乳、绵羊乳，与牛乳下限接近，略高于骆驼乳下限。而维生素 E 的含量则显著高于牛乳和骆驼乳（Rizvi 等，2014）。

表 8-1 不同畜种乳中主要维生素

维生素浓度	人乳（μg/100 mL）	牛乳（μg/100 mL）	水牛乳（μg/100 mL）	山羊乳（μg/100 mL）	绵羊乳（μg/100 mL）	骆驼乳（μg/100 mL）	马乳（μg/100 mL）	驴乳（μg/100 g）
维生素 A	30~200	17~50	69	50~68	41~50	5~97	9.3~34	BLOQ:100
维生素 B_1	14~17	28~90	40~50	40~68	28~80	10~60	20~40	BLOQ:0.1
维生素 B_2	20~60	116~202	100~120	110~210	160~429	42~168	10~37	BLOQ:0.1
烟酸	146~178	50~120	80~171	187~370	300~500	0.77	70~140	1.3
维生素 B_{12}	0.03~0.05	0.27~0.70	0.3~0.4	0.06~0.07	0.30~0.71	0.2	0.3	BLOQ:0.5
维生素 C	3 500~10 000	300~2 300	1 000~2 540	900~1 500	425~6 000	2 400~18 400	1 287~8 000	<0.50
维生素 E	300~800	20~148	190~200	0.04	120	21~150	26~113	

资料来源：Elinor，2012；Claeys 等，2014；Nayak 等，2020。

注：BLOQ：低于限定值。

8.2 影响马乳维生素组成的因素

马乳中维生素的含量会受到多种因素的影响，呈现动态变化。饲喂管理是其中一个关键的调控因素。研究表明，水溶性维生素（如维生素 B_1、维生素 B_2、烟酸、维生素 B_{12}、维生素 C）对饲料成分的变化更为敏感，而脂溶性维生素（如维生素 A、维生素 E、维生素 D）的敏感性相对较低。

（1）泌乳阶段。新生马驹的生存和早期发育依赖于马乳中的高维生素含量。初乳中的维生素 A 和维生素 E 含量最高，为新生马驹提供抗氧化保护和免疫系统支持。水溶性维生素在泌乳稳定期达到稳定浓度，而

脂溶性维生素在泌乳末期通常下降。

（2）牧草质量与饲料组成。优质牧草能提升马乳中维生素 A 和维生素 E 的含量。马乳中维生素 D 含量较低，通过添加含有维生素 D_3 的饲料或添加剂可提高其水平。富含 B 族维生素和维生素 C 的精料有助于维持或提高马乳中相应维生素的水平。

（3）环境因素。阳光照射对马乳中维生素 D 的提升效果有限。高温环境可能加速维生素 C 的氧化降解，而低温处理对保持维生素含量至关重要。牧草生长的环境条件也会影响马乳中的维生素含量。

（4）加工与储存条件。热处理会破坏热敏感维生素，如维生素 C 和一些 B 族维生素。脂溶性维生素对热处理相对稳定。光照、氧气和高温都会加速维生素的降解。因此，马乳及其制品应采用避光包装、冷藏储存，并选择合适的干燥工艺以减少维生素损失。马乳及其制品（液态奶、奶粉）应严格采用避光容器包装和不透光材料储存。挤奶后应立即冷藏（2～4℃）并尽快加工。成品应低温、避光储存，以最大程度减缓所有维生素，特别是光、氧敏感维生素（维生素 A、维生素 E、维生素 C、维生素 B_2、β-胡萝卜素）的降解速度。干燥工艺（如冻干、喷雾干燥）生产马乳粉时选择合适的工艺参数也是减少维生素损失的关键。

8.3　马乳及其制品的维生素营养特性

作为天然抗氧化剂，马乳富含维生素 C 等活性成分，尤其适合免疫力低下人群及特殊医学需求者。其独特维生素组合呈现以下应用优势：维生素 E 与多不饱和脂肪酸协同作用，可有效延缓乳脂氧化，将乳制品保质期延长 30%～50%，为开发抗衰老功能性乳饮提供原料基础；低脂溶性维生素特性显著降低代谢负担，使马乳制品成为老年人群的理想营养载体；维生素 C 含量达 7.7 mg/100 g（乳基换算值），是婴幼儿配方乳粉的优质天然维生素源。

8.4 马乳中维生素含量的影响因素与加工特性

研究发现马乳维生素含量受多因素调控。影响因素具体表现为：①生物学因素。物种、品种及泌乳阶段影响显著（泌乳后期维生素 C 含量可达初期的 6.2 倍）。②环境因素。地域、季节、气候条件引起含量波动（如伊犁地区马泌乳中期维生素 C 达 10.24 mg/100 g）。③饲养管理。饲草料营养配比可调控维生素含量 20%～40%（聂昌宏，2019）。④加工工艺。喷雾干燥导致维生素 B_{12}［损失（25±5）%］、维生素 C［损失（20±3）%］显著降低，热敏性维生素 E 损失率达 15%～30%（殷娜，2021）。

8.5 马乳粉中维生素特征分析

研究发现马乳粉的脂溶性维生素中，维生素 A 含量为 71.53 μg/100 g，与原料乳 7.82 μg/100 g 存在 10∶1 浓缩关系（R^2=0.96）。维生素 E 总量达 0.94 mg/100 g，较牛乳粉高 95.8%，但以 β 型为主（占比 82%），生物活性需进一步验证。马乳粉的水溶性维生素中，烟酸含量为 1.47 mg/100 g，是牛乳粉的 2.94 倍（$P<0.01$）。维生素 C 保留量为 7.7 mg/100 g，达牛乳粉的 326%（刘洪元，2003；郭本恒，2007）。

据殷娜等（2021）报道，马乳粉中脂溶性维生素含量较低，但含量范围较广、变异系数较高。维生素 A 在人体内具有多种生理功能，如维持视网膜功能、促进生长发育、增强免疫力等。马乳粉中的维生素 A 含量适中，有助于满足人体需求。维生素 D 有助于钙、磷的吸收和利用，维持骨骼健康。马乳粉中的维生素 D 含量虽低，但适量补充有助于预防佝偻病和骨质疏松。维生素 E 具有抗氧化作用，能保护细胞膜免受氧化损伤，延缓衰老。马乳粉中的维生素 E 含量较高，有助于提高抗氧化能力。

马乳粉中的水溶性维生素种类较多、含量较高，且变异系数较低（殷娜等，2021a）。维生素 B_1 具有转化食物能量、维护皮肤、保护眼睛、预防动脉硬化等作用。马乳粉中的维生素 B_1 含量为 0.294 mg/100 g，有助于维持人体正常代谢。

维生素 B_2 在体内参与多种酶系反应，并在代谢过程中发挥重要作用。马乳粉中的维生素 B_2 含量为 0.39 mg/100 g，有助于提高身体免疫力。烟酸参与物质与能量代谢，可降低血胆固醇水平，并且是葡萄糖耐量因子的组成成分。马乳粉中的烟酸含量为 1.47 mg/100 g，有助于维持心血管健康。泛酸在体内参与多种酶系反应，对生长发育、能量代谢等具有重要作用。马乳粉中的泛酸含量为 2.76 mg/100 g，有助于提高身体抵抗力。生物素参与脂肪酸合成、碳水化合物代谢等生理过程。马乳粉中的生物素含量为 7.29 μg/100 g，有助于维持皮肤健康。叶酸对细胞分裂、生长发育具有重要作用。马乳粉中的叶酸含量为 21.5 μg/100 g，有助于预防胎儿神经管畸形。维生素 C 具有防治坏血病、抗氧化、抗衰老、提高免疫力、改善钙、铁及叶酸吸收、保护微血管、预防心脑血管疾病等作用。马乳粉中的维生素 C 含量为 77 mg/100 g，有助于增强身体抵抗力（殷娜等，2021a）。

马乳及其制品中富含多种维生素，对人体具有广泛的健康益处。在日常饮食中，适量食用马乳，可以为身体补充所需的营养素，提高生活质量。然而，需要注意的是，维生素的摄入量应适中，过量摄入可能对身体造成不良影响。因此，在享受马乳的美味与营养时，也要注意合理搭配膳食，保持营养均衡。

9 结语

马乳 营养特性 知多少？

马乳不仅是一种营养丰富的食物，更是一种承载着深厚历史文化底蕴的自然馈赠。从公元前3500年的欧亚草原到现代全球化的餐桌，马乳以其独特的营养价值和健康功效，跨越了时间与空间的界限，成为人类饮食文化中不可或缺的一部分。在当今社会，随着健康意识的提升和对天然食品需求的增长，马乳正以其独特的优势和潜力，逐渐成为备受瞩目的健康食品。然而，马乳的价值远不止于此。它不仅是人类饮食的补充，更是人与自然和谐共生的象征。我们将从科学、文化、市场和未来发展的角度，再次深入探讨马乳的意义与潜力。

9.1 马乳的科学价值：营养与健康的完美结合

马乳的营养价值和健康功效是开展马乳研究的重要内容。通过深入剖析马乳的营养成分，我们发现，马乳不仅富含优质蛋白质、不饱和脂肪酸、维生素和矿物质，还含有多种生物活性物质，如乳铁蛋白、溶菌酶等。这些成分共同构成了马乳独特的健康价值，使其在预防和缓解多种疾病方面展现出巨大的潜力。

马乳的蛋白质组成与人乳相似，乳清蛋白比例较高，酪蛋白含量较低，这使得马乳更容易被人体消化吸收，尤其适合儿童、老年人以及乳糖不耐受人群。马乳中的乳铁蛋白和溶菌酶具有抗菌、抗病毒、抗炎和免疫调节功能，能够增强人体免疫力，预防感染性疾病。此外，马乳中的不饱和脂肪酸含量显著高于反刍动物乳，尤其是草料来源的 n-3 多不饱和脂肪酸，这对于维持心血管健康、降低胆固醇水平具有重要作用。

科学研究表明，马乳及其发酵制品在治疗过敏性皮炎、克罗恩病、溃疡性结肠炎、肝炎和慢性胃溃疡等疾病方面具有显著疗效（Pieszka 等，2016）。这些研究成果不仅验证了马乳的传统医学价值，也为现代医学提供了新的思路和方法。随着科学技术的不断进步，马乳的健康功效将被进一步挖掘和利用，为人类健康事业做出更大的贡献。

9.2　马乳的文化意义：传统与现代的交汇

马乳不仅是一种食物，更是一种文化的象征。从波泰文化的驯马历史到蒙古草原的游牧传统，马乳承载着人类与马的深厚情谊，见证了不同地域、不同民族独特的饮食文化与生活方式。在蒙古国、中亚各国等地，马乳及其发酵制品，如发酵马奶酒一直是当地居民饮食的重要组成部分，不仅是日常饮食的补充，更是节日庆典和社交活动中的重要元素。

9.3　马乳的市场现状与挑战：稀缺性与潜力并存

尽管马乳具有显著的营养价值和健康功效，但其市场潜力尚未得到充分挖掘。马乳的产量相对较低，生产成本较高，消费者对其认知度较低，这些因素限制了马乳的市场扩展。马的泌乳期较短，每次挤奶量有限，且马乳的生产需要较高的技术和管理要求，这些都使得马乳的生产成本居高不下。

然而，正是这种稀缺性赋予了马乳独特的市场价值。近年来，随着消费者对健康食品需求的不断增长，马乳的市场逐渐兴起。在传统消费地区，马乳及其发酵制品一直是当地居民饮食的重要组成部分；而在新兴市场，马乳的消费也呈现出逐渐上升的趋势。马乳的消费形式日益多样化，包括鲜奶、发酵奶、冻干粉、胶囊等，同时也被广泛应用于化妆品等领域。这些创新产品的出现，不仅满足了不同消费者的需求，也为马乳产业的发展提供了新的方向。

9.4 马乳的未来展望：科学、文化与市场的融合

展望未来，马乳的发展前景令人充满期待。随着科学技术的不断进步，马乳的生产效率和产品质量将进一步提高。基因工程技术的应用可能有助于优化马的泌乳性能，提高马乳的产量和营养价值。同时，现代化的生产工艺将使马乳的加工更加高效和环保，进一步降低生产成本，提高市场竞争力。

在市场层面，马乳的消费群体将不断扩大。随着消费者对健康食品需求的增加，马乳及其衍生产品的市场潜力将进一步释放。未来，马乳不仅可以在传统消费地区继续发挥其重要作用，还可以在新兴市场中占据一席之地。马乳的多样化消费形式将满足不同消费者的需求，从而推动马乳产业的全面发展。

马乳作为一种独特的自然资源，在营养、健康、文化和经济层面展现出多重价值。未来可通过优化饲养技术、选育高产品种提升产能，并开发马乳粉、功能性发酵乳等多元化产品，以释放其经济价值。从人类财富视角看，马乳的深度开发不仅可丰富膳食选择、促进肠道健康与免疫力提升，更能为农牧经济注入新动能，推动马产业升级与生物资源可持续利用，实现自然馈赠与人类福祉的良性循环。

作者希望读者能够通过本书的阅读，深入了解马乳的营养奥秘，领

❾ 结　语

略其丰富的文化内涵，从而对马乳产生更多的关注和兴趣。我们相信，在科学、文化和市场的共同推动下，马乳这一天然食品将在未来焕发出更加耀眼的光芒，为人类的健康生活增添一份全新的选择与惊喜。让我们共同期待马乳的美好未来，共同见证这一天然食品在现代社会中的独特魅力与价值。

参考文献

布仁巴雅尔，赵建军，乔晓宏，2023. 马奶营养及其保健作用 [J]. 当代畜禽养殖业，43（3）：43-44，47.

常花香，2021. 不同泌乳期马乳乳蛋白和乳脂球膜蛋白差异蛋白组学的研究 [D]. 乌鲁木齐：新疆农业大学.

陈宝蓉，2024. 马乳营养评价及其加工特性研究 [D]. 北京：中国农业科学院.

陈宝蓉，张雨萌，王筠钠，等，2023. 马乳和驴乳中营养成分及加工技术研究进展 [J]. 中国乳品工业，51（6）：32-39.

陈静廷，2013. 乳清蛋白及其加工利用的研究进展 [J]. 中国奶牛（13）：35-39.

褚楚，张依，向世馨，等，2022. 山羊奶、牦牛奶、马奶和驼奶中营养成分含量的比较研究 [J]. 中国奶牛（3）：34-39.

杜兵耀，王加启，李发弟，等，2019. 奶及奶制品中酸度的比较研究 [J]. 中国乳品工业，47（2）：34-38，60.

杜晓敏，2017. 内蒙古地区传统酸马奶中营养组分分析、乳酸菌分离鉴定及污染微生物检测 [D]. 呼和浩特：内蒙古农业大学.

樊睿，梁志强，张国芳，等，2023. 乳的宏量营养成分及功能特性研究进展 [J]. 乳品与人类（2）：53-59.

方美烟，王贤东，于全平，等. 饲喂不同消化能和粗蛋白质水平的饲粮对泌乳前期伊犁母马泌乳性能及马驹生长发育的影响 [J]. 动物营养学报，30（3）：973-980.

方悦，董文宾，樊成，2016. 鲜奶掺假检验方法研究进展 [J]. 食品研究与开发，37（2）：201-204.

付志昂，欧阳单华，杨杰，等，2025. 新疆不同地区马乳中挥发性风味物质差异分析 [J/OL]. 现代食品科技，1-11[2025-08-20].https://doi.org/10.13982/j.mfst.1673-9078.2025.7.0706.

参考文献

古丽巴哈尔·卡吾力,高晓黎,常占瑛,等,2017. 马乳与驼乳、驴乳、牛乳基本理化性质及组成比较 [J]. 食品科技,42(7):123-127.

郭本恒,徐成勇,2007. 乳制品生产工艺与配方 [M]. 北京:化学工业出版社.

海峡,杨钧翔,刘彦君,等,2023. 乳脂肪含量对超高温瞬时灭菌乳感官品质的影响 [J]. 沈阳农业大学学报,54(6):741-747.

郝苗苗,南斯拉玛,吴云芳,等,2019. 锡林郭勒地区生鲜马乳质量研究 [J]. 中国饲料(21):45-50.

和占星,黄梅芬,赵刚,等,2017. 不同品种牛乳冰点及其与乳理化指标相关性分析 [J]. 食品科学,38(17):94-100.

侯文通,樊凌翰,葛鹏斌,等,1988. 关中马奶营养成分分析 [J]. 西北农林科技大学学报(自然科学版)(3):75-79.

华加敏,田雨,何生平,等,2023. 奶牛乳与血液中酮病预警新指标的研究 [J]. 南京农业大学学报,46(1):112-120.

黄伟乾,吴俊发,覃天福,等,2025. 柱前衍生-高效液相色谱法测定乳及乳制品中 5 种乳糖衍生物 [J]. 食品安全质量检测学报,16(5):46-51.

黄雅琴,于海宁,沈生荣,2024. 马奶营养成分及其对心血管疾病的防治作用 [J]. 现代医药卫生,40(24):4294-4298.

姜晶,敖日格乐,王纯洁,等,2016. 酸马奶提取植物乳杆菌 Dsm20174 细菌素的理化特性研究 [J]. 中国畜牧兽医,43(2):444-449.

揭良,苏米亚,2021. 小品种特色乳营养成分研究进展 [J]. 乳业科学与技术,44(6):58-62.

李莎莎,2015. 内蒙古部分乳及乳制品常规营养的测定和比较 [D]. 呼和浩特:内蒙古农业大学.

李小彦,姜晓燕,刘美娟,2020. 食品中碳水化合物计算方法探讨 [J]. 现代食品(10):175-176,179.

李欣霏,王彩云,王新妍,等,2021. 发酵乳加工工艺及检测技术研究进展 [J]. 乳业科学与技术,44(5):43-50.

李亚茹, 郝力壮, 刘书杰, 等, 2016. 牦牛乳与其他哺乳动物乳常规营养成分的比较分析 [J]. 食品工业科技, 37（2）: 379-383, 388.

李枝, 2018. 鲜马奶中营养成分及微生物群落结构的研究 [D]. 呼和浩特: 内蒙古农业大学.

刘翠, 潘健存, 李媛媛, 等, 2019. 人乳营养成分及其生理功能 [J]. 食品工业科技, 40（1）: 286-291.

刘洪元, 2006. 马奶抗疲劳作用的研究 [D]. 济南: 山东大学.

刘洪元, 高昆, 张丽萍, 等, 2013. 舍养马匹的营养成分分析 [J]. 营养学报, 25（2）: 183-184.

刘亚东, 宋秋, 霍贵成, 2012. 马奶和母乳的营养成分比较分析 [J]. 食品工业, 33（11）: 156-158.

刘亚华, 2019. 酸马奶对高脂血症患者降血脂效果和肠道菌群的影响 [D]. 呼和浩特: 内蒙古农业大学.

刘永峰, 张薇, 刘婷婷, 等, 2020. 乳蛋白中乳清蛋白与酪蛋白组成、特性及应用的研究进展 [J]. 食品工业科技, 41（23）: 354-358.

刘宇婷, 2020. 超临界流体色谱-四极杆飞行时间质谱鉴定六种家畜乳中的甘油三酯 [D]. 呼和浩特: 内蒙古农业大学.

刘志安, 2014. 放牧伊犁马鲜马乳营养品质研究 [D]. 乌鲁木齐: 新疆农业大学.

吕贺, 段晓宇, 周金玉, 等, 2018. 奶牛乳脂合成及其影响因素 [J]. 中国畜牧兽医, 45（1）: 93-99.

孟毅, 周银焜, 魏怡, 等, 2024. 牛羊乳脂肪球膜稳定性及非靶向脂质组学差异研究 [J]. 中国乳业（5）: 123-129, 136.

苗淼, 2015. 基于生鲜马乳加工特性的稳定因素研究 [D]. 乌鲁木齐: 新疆农业大学.

聂昌宏, 2019. 马乳中营养成分检测分析及不同乳品中标识性成分的比较研究 [D]. 乌鲁木齐: 新疆医科大学.

聂昌宏, 郑欣, 阿依居来克·卡得尔, 等, 2019. 考马斯亮蓝法检测不同乳中乳清蛋白含量 [J]. 食品安全质量检测学报, 10（5）: 1138-1142.

参考文献

齐新林, 王丽, 张斌, 等, 2016. 马乳的理化和微生物指标检测 [J]. 新疆畜牧业（10）: 34-35.

齐英杰, 郑楠, 王加启, 等, 2024. 乳糖在生乳中的降解机制及其降解产物对生乳品质的影响研究进展 [J]. 动物营养学报, 36（6）: 3491-3499.

祁燕蓉, 2024. 牧场环境管理对奶牛健康和生产性能的影响 [J]. 畜牧业环境（2）: 16-17.

邱冀, 孟阳, 赵怿, 等, 2021. 不同哺乳动物乳中主要营养成分研究进展 [J]. 乳业科学与技术, 44（3）: 50-54.

任建存, 2021. 我国特色乳制品的营养功效与产业发展 [J]. 中国乳业（8）: 34-39.

佟满满, 闫素梅, 2022. 驴乳与其他乳营养物质组分差异分析及其开发展望 [J]. 中国农业大学学报, 27（11）: 117-129.

王传蓉, 2013. 牛奶乳蛋白含量的影响因素及营养调控技术 [J]. 中国乳业（9）: 44-47.

王峰恩, 2021. 生乳脂肪酸组成特征及加工处理对其影响的研究 [D]. 乌鲁木齐: 新疆农业大学.

王国祥, 戴琛, 张春华, 2018. 高效液相色谱蒸发光散射检测器测定乳制品中磷脂类化合物 [J]. 化学工程与装备（1）: 243-245.

王鹏, 刚梦萱, 张臣臣, 等, 2022. 母乳源乳酸菌的低聚糖利用特性研究 [J]. 食品与发酵工业, 48（11）: 101-106.

王清, 曹珍, 孙鹤, 等, 2025. 功能性寡糖的硒化修饰及其体外抗氧化活性分析 [J/OL]. 食品工业科技, 1-22.

王涛, 蔡扩军, 徐敏, 等, 2016. 乌鲁木齐市达坂城区奶马养殖户调研和马乳成分测定 [J]. 新疆畜牧业（12）: 48-50.

王威, 2017. 生鲜马乳中乳铁蛋白及脂肪酸分析与应用研究 [D]. 乌鲁木齐: 新疆农业大学.

王煜林, 宝音朝克图, 吉日木图, 2024. 不同乳源乳脂肪球的体外消化特性 [J]. 中国食品学报, 24（7）: 70-78.

魏黎阳, 张九凯, 陈颖, 2023. 不同哺乳动物乳的营养成分及生物活性研究进展 [J]. 食品科学, 44（5）: 365-374.

温佩佩，肖彬彬，褚楚，等，2023. 常见动物乳与人乳的营养成分比较分析 [J]. 中国乳业（1）：96-102.

吴伦清，潘宇，2019. 乳清蛋白对代谢性疾病作用的研究进展 [J]. 中国老年学杂志，39（17）：4362-4365.

徐敏，李景芳，何晓瑞，等，2021. 新疆驼乳粉中胆固醇含量测定和分析 [J]. 新疆畜牧业，36（6）：26-29.

徐敏，陆东林，王丽，等，2017. 哈萨克马马乳化学成分和理化指标分析 [J]. 中国乳业（1）：60-63.

许晶辉，2020. 驴乳和马乳的营养成分及对肠道微生物的影响 [D]. 西安：陕西师范大学．

闫海峡，杨钧翔，刘彦君，等，2023. 乳脂肪含量对超高温瞬时灭菌乳感官品质的影响 [J]. 沈阳农业大学学报，54(06)：741-747.

阎思宇，苏新然，林大为，等，2024. 特色乳中低聚糖组成及生物活性研究进展 [J]. 乳业科学与技术，47（6）：60-69.

杨茉莉，樊凌翰，2001. 马奶成分分析及开发利用现状 [J]. 陕西农业科学，47（1）：1413-1425.

杨仁辉，余烨，陶杨，等，2021. 奶牛乳脂合成分泌基因研究进展 [J]. 中国畜牧杂志，57（11）：11-15.

杨文华，德慧，张珉，2008. 马乳及乳产品利用 [J]. 内蒙古民族大学学报（2）：89-90.

杨亚新，刘慧敏，孟璐，等，2024. 生乳酸度分析及影响因素研究进展 [J]. 畜牧兽医学报，55（7）：2836-2845.

杨玉红，2011. 酪蛋白磷酸肽的生物学活性及应用 [J]. 生物学教学，36（6）：8-10.

杨之恒，张笑晗，肖天放，等，2024. 酵母培养物的生物学功能及其在畜牧生产中的应用研究进展 [J]. 中国畜牧杂志，60（1）：108-116.

姚新奎，2011. 伊犁马、新吉马及其杂交马乳理化指标、泌乳特性初步研究 [D]. 乌鲁木齐：新疆农业大学．

叶乐，王越男，刘雨佳，等，2022. 蒙古马乳营养成分检测与特征分析 [J]. 中国乳品工业，50（10）：23-29.

殷娜, 史淑华, 陆东林, 等, 2021a. 伊犁马乳粉中维生素含量测定和分析 [J]. 草食家畜（4）：22-25, 32.

殷娜, 史淑华, 王建军, 等, 2021b. 新疆伊犁马乳粉中矿物元素含量测定 [J]. 中国乳业（4）：81-84.

于静, 2020. 新疆不同驴乳营养成分对比及其聚类分析 [D]. 阿拉尔：塔里木大学.

张瑾, 李景芳, 何晓瑞, 等, 2021. 伊犁马乳粉中胆固醇含量测定 [J]. 新疆畜牧业, 36（1）：28-30.

张璐, 任佳琦, 何强, 等, 2025. 基于主成分分析的不同乳中脂肪酸组成及含量的比较 [J/OL]. 现代食品科技, 1-8.

张萌萌, 赵雪妮, 双全, 等. 2022. 马奶营养品质及功能特性的发酵动态分析 [J]. 食品与发酵工业, 48（7）：103-109.

张琪玮, 颜庭林, 2022. 乳及乳制品中乳蛋白检测技术研究进展 [J]. 中兽医医药杂志, 41（6）：40-44.

张晓晓, 斯琴巴特尔, 2020. 酸马奶及其医疗价值 [J]. 中国民族医药杂志, 26（1）：56-57.

张晓音, 赵圣国, 骆超超, 等, 2019. 我国及世界主要国家乳品相对密度的比较研究 [J]. 中国乳品工业, 47（4）：37-40, 46.

赵家乐, 韩立华, 杜军, 等, 2021. 驴乳营养特性及其活性成分热稳定性研究进展 [J]. 中国乳品工业, 49（9）：38-43.

左扬, 李田, 胡秀花, 等, 2022. 奶牛牧场养殖环境中产ESBL耐药菌的流行特征 [J]. 畜牧兽医学报, 53（11）：4027-4034.

Abd M H, El-Shibiny S, 2011. A comprehensive review on the composition and properties of buffalo milk [J]. Dairy Sci Technol, 91：663.

Afzaal M, Saeed F, Anjum F, et al., 2021. Nutritional and ethnomedicinal scenario of koumiss: A concurrent review[J]. Food Sci Nutr, 9（11）：6421-6428.

Akishev Z, Aktayeva S, Kiribayeva A, et al., 2022. Obtaining of recombinant camel chymosin and testing its milk-clotting activity on cow's, goat's, ewes', camel's and mare's milk[J]. Biology, 11（11）：1545.

Alberta B, Gianni S, 2024. Lysozyme: A Natural Product with Multiple and Useful Antiviral Properties[J]. Molecules, 29(3): 652-652.

Albrecht S, Lane J A, Marino K, et al., 2014. A comparative study of free oligosaccharides in the milk of domestic animals.[J]. British Journal of Nutrition, 111(7): 1313-1328.

Balthazar C F, Pimentel T C, Ferr O L L, et al., 2017. Sheep Milk: Physicochemical Characteristics and Relevance for Functional Food Development[J]. Comprehensive Reviews in Food Science and Food Safety, 16(2): 247-262.

Barello C, Garoffo L P, Montorfano G, et al., 2008. Analysis of major proteins and fat fractions associated with mare's milk fat globules[J]. Molecular nutrition & food research, 52(12): 1448-1456.

Barreto Í M L G, RANGEL A H N, Urbano S A, et al., 2019. Equine milk and its potential use in the human diet[J]. Food science and technology, 39: 1-7.

Bat-Oyun T, Ito T Y, Purevdorj Y, et al., 2018. Movements of dams milked for fermented horse milk production in Mongolia[J]. Animal Science Journal, 89(1): 219-226.

Beccaria M, Sullini G, Cacciola F, et al., 2014. High performance characterization of triacylglycerols in milk and milk-related samples by liquid chromatography and mass spectrometry[J]. Journal of Chromatography A, 1360: 172-187.

Bhatt D L, Budoff M J, Mason R P, 2020. A revolution in omega-3 fatty acid research[J]. Journal of the American College of Cardiology, 76(18): 2098-2101.

Blanco-Doval A, Barron L J R, Aldai N, 2024b. Nutritional Quality and Socio-Ecological Benefits of Mare Milk Produced under Grazing Management[J]. Foods, 13(9): 1412-1420.

Blanco-Doval A, Sousa R, Barron L J R, et al., 2024a. Assessment of *in vitro* digestibility and postdigestion peptide release of mare milk in relation to different management systems and lactation stages[J]. Journal of Dairy Science, 107(10): 15.

Bondo T, Jensen S K, 2011. Administration of RRR-α-tocopherol to pregnant mares stimulates maternal IgG and IgM production in colostrum and enhances vitamin E and IgM status in foals[J]. Journal of animal physiology and animal nutrition, 95(2): 214-222.

Bowen-Forbes C S, Goldson-Barnaby A, 2024. Fats [M]. Commonwealth of Massachusetts: Academic Press, 471-477.

Brink L R, Lönnerdal B, 2020. Milk fat globule membrane: The role of its various components in infant health and development[J]. The Journal of Nutritional Biochemistry, 85: 108465.

Cagno R D, Tamborrino A, Gallo G, et al., 2004. Uses of mares' milk in manufacture of fermented milks[J]. International Dairy Journal, 14(9): 767-775.

Cais-Sokolińska D, Dankow R, Bierzunska P, et al., 2018. Freezing point and other technological properties of milk of the Polish Coldblood horse breed[J]. Journal of Dairy Science, 101: 9637-9646.

Centoducati P, Maggiolino A, Palo P D, et al., 2012. Application of Wood's model to lactation curve of Italian Heavy Draft horse mares[J]. Journal of Dairy Science, 95(10): 5770-5775.

Cieslak J, Wodas L, Borowska A, et al., 2016. Variability of lysozyme and lactoferrin bioactive protein concentrations in equine milk in relation to LYZ and LTF gene polymorphisms and expression[J]. Journal of the Science of Food and Agriculture, 97(7): 2174-2181.

Claeys W L, Verraes C, Cardoen S, et al., 2014. Consumption of raw or heated milk from different species: An evaluation of the nutritional and potential health benefits[J]. Food Control, 42: 188-201.

Coutinho da Silva M A, 2021. Advances in Diagnostic and Therapeutic Techniques in Equine Reproduction[M], An Issue of Veterinary Clinics of North America: Equine Practice, 1st Edition. Elsevier.

Cristina Barello, Lorenza Perono Garoffo, Gigliola Montorfano, et al., 2008. Analysis of major proteins and fat fractions associated with mare's milk fat globules[J]. Molecular Nutrition & Food Research, 52: 1448-1456.

Crowley S V, Kelly A L, Lucey J A, et al., 2017. Potential Applications of Non-Bovine

Mammalian Milk in Infant Nutrition. In Handbook of Milk of Non-Bovine Mammals（eds Y. W. Park，G.F. W. Haenlein and W. L. Wendorff）[M]. West Sussex：Blackwell Publishing：640-642.

Csapó-kiss Z，Stefler J，Martin T G，et al.，1995.composition of mares colostrum and milk-protein content，amino acid composition and contents of macro- and micro-elements[J]. International Dairy Journal，5（4）：415-419.

Cunsolo V，Saletti R，Muccilli V，et al.，2017. Proteins and bioactive peptides from donkey milk：The molecular basis for its reduced allergenic properties[J]. Food Research International，99：41-57.

Czyżak-Runowska G，Wójtowski J A，Danków R，et al.，2021. Mare's milk from a small polish specialized farm—Basic chemical composition, fatty acid profile, and healthy lipid indices[J]. Animals，11（6）：1590.

Dai F，Segati G，Costa E D，et al.，2007. Management Practices and Milk Production in Dairy Donkey Farms Distributed Over the Italian Territory[J]. Macedonian Veterinary Review，40（2）：131-136.

Darragh A，Lonnerdal B，2011. Human milk, in Encyclopedia of Dairy Sciences（eds Fuquay J W，Fox P F，McSweeney P L H.），2nd edn, vol. 3, San Diego, CA, USA, 581-590.

Deng L，Yang Y，Li Z，et al.，2022. Impact of different dietary regimens on the lipidomic profile of mare's milk[J]. Food Research International，156：111305.

Deni Kostelac，Marko Gerić，Goran Gajski，et al.，2021.Lactic acid bacteria isolated from equid milk and their extracellular metabolites show great probiotic properties and anti-inflammatory potential[J]. International Dairy Journal，112：104828-104835.

Derisoud E，Auclair-Ronzaud J，Rousseau-Ralliard D，et al.，2023. Maternal age, parity and nursing status at fertilization affects postpartum lactation up to weaning in horses[J]. Journal of Equine Veterinary Science，128：104868.

Devaki S J，Raveendran L R，2017. Vitamin C：Sources, Functions, Sensing and Analysis[M]. Intech Open.

参考文献

Devle H, Vetti I, Naess-Andresen C F, et al., 2012. A comparative study of fatty acid profiles in ruminant and non-ruminant milk[J]. European Journal of Lipid Science and Technology, 114(9): 1036-1043.

Dinesh C, Aman R, Ashok K Y, et al., 2022. Nutritional and nutraceutical properties of goat milk for human health: A review. Indian journal of dairy science. 69(5): 1-10.

Doreau M, Boulot S, 1989. Recent knowledge on mare milk production: a review[J]. Livestock production science, 22(3-4): 213-235.

Doreau M, Martin-Rosset W, 2011. Animals that Produce Dairy Foods | Horse[J]. Encyclopedia of Dairy Sciences, 1: 358-364.

Doreau M, Martuzzi F, 2006. Fat content and composition in mare's milk[M]. In Miraglia N, Martin-Rosset W. (Eds.), Nutrition and feeding of the brood mare. EAAP Publication No 120. Wageningen, The Netherlands: Wageningen Academic Publishers: 77-87.

Duan C, Ma L, Cai L, et al., 2021. Comparison of allergenicity among cow, goat, and horse milks using a murine model of atopy[J]. Food & function, 12(12): 5417-5428.

Duan R D, Nilsson Å, 2009. Metabolism of sphingolipids in the gut and its relation to inflammation and cancer development[J]. Progress in lipid research, 48(1): 62-72.

Elinor M, Ramani W, Barbara S, et al., 2012. Composition of milk from minor dairy animals and buffalo breeds: a biodiversity perspective[J]. Journal of the Science of Food and Agriculture, 92(3): 445-474.

Elisabetta Salimei, Svetlana Kalinchenko, Francesco Fantuz, 2012. Equid milk for human consumption[J]. International Dairy Journal, 24(2): 130-142.

Favé G, Coste T C, Armand M, 2004. Physicochemical properties of lipids: new strategies to manage fatty acid bioavailability[J]. Cellular and molecular biology, 50(7): 815-832.

Felix Wussow, Flavia Chiuppesi, Heidi Contreras, et al., 2017. Neutralization of Human Cytomegalovirus Entry into Fibroblasts and Epithelial Cells[J]. Vaccines, 5(4): 39.

Frega N, 2011. Fatty acid composition and regiodistribution in mare's milk triacylglycerols at different lactation stages[J]. Dairy science & technology, 91(4): 397-412.

Fricker R A, Green E L, Jenkins S I, et al., 2018. The Influence of Nicotinamide on Health and Disease in the Central Nervous System[J]. International Journal of Tryptophan Research Ijtr, 11(1): 11786469-1877665.

Friend L L, Perrin M T, 2020. Fat and Protein Variability in Donor Human Milk and Associations with Milk Banking Processes[J]. Breastfeeding Medicine, 15(6): 370-376.

Garcia C, Lutz N W, Confort-Gouny S, et al., 2012. Phospholipid fingerprints of milk from different mammalians determined by 31P NMR: Towards specific interest in human health[J]. Food Chemistry, 135(3): 1777-1783.

Geoffrey W. Smithers, 2008. Whey and whey proteins—From 'gutter-to-gold'[J]. International Dairy Journal, 18 (7):695-704.

German J B, Dillard C J. 2006. Composition, structure and absorption of milk lipids: a source of energy, fat-soluble nutrients and bioactive molecules[J]. Critical reviews in food science and nutrition, 46(1): 57-92.

Gorban A M S, Izzeldin O M. 1999. Study on cholesteryl ester fatty acids in camel and cow milk lipid[J]. International Journal of Food Science and Technology, 34(3): 229-234.

Grace N D, Pearce S G, Firth E C, et al., 1999. Concentrations of macro-and micro-elements in the milk of pasture-fed Thoroughbred mares[J]. Australian Veterinary Journal, 77(3): 177-180.

Guay K A, Brady H A, Allen V G, et al., 2002. Matua bromegrass hay for mares in gestation and lactation[J]. Journal of Animal Science, 80(11): 2960-2966.

Gómez-Cortés P, Juárez M, de la Fuente M A, 2018. Milk fatty acids and potential health benefits: An updated vision[J]. Trends in Food Science & Technology, 81: 1-9.

Hageman J H J, Danielsen M, Nieuwenhuizen A G, et al., 2019. Comparison of bovine milk fat and vegetable fat for infant formula: Implications for infant health[J]. International dairy journal, 92: 37-49.

Hall N J, 2017. Necrotising enterocolitis: better data, still many questions.[J]. The Lancet Gastroenterology & Hepatology, 2(1): 6-7.

参考文献

Herrera E, Lasunción M A, Gomez-Coronado D, et al., 1988. Role of lipoprotein lipase activity on lipoprotein metabolism and the fate of circulating triglycerides in pregnancy[J]. American journal of obstetrics and gynecology, 158（6）: 1575-1583.

Hoffman R M, Kronfeld D S, Herbein J H, et al., 1998. Dietary Carbohydrates and Fat Influence Milk Composition and Fatty Acid Profile of Mare's Milk1[J]. The Journal of nutrition, 128（12）: S2708-S2711.

Hoffmann M R, Shoctor H F, Field C J, 2021. Minor lipids in human milk: cholesterol, gangliosides, and phospholipids [M]. Commonwealth of Massachusetts: Academic Press.

Huff N K, Thompson Jr D L, Gentry L R, et al., 2008. Hyperleptinemia in mares: prevalence in lactating mares and effect on rebreeding success[J]. Journal of Equine Veterinary Science, 28（10）: 579-586.

Huppertz T, 2017. Milk Lipids: Composition, Origin and Properties [M]. Amsterdam: Elsevier: 1-8.

Inglingstad R A, Devold T G, Eriksen E K, et al., 2010. Comparison of the digestion of caseins and whey proteins in equine, bovine, caprine and human milks by human gastrointestinal enzymes[J]. Dairy Science & Technology, 90（5）: 549-563.

Innis S M, 2007. Fatty acids and early human development[J]. Early human development, 83（12）: 761-766.

Innis S M, 2011. Dietary triacylglycerol structure and its role in infant nutrition[J]. Advances in Nutrition, 2（3）: 275-283.

Jacobs J P, Lee M L, Rechtman D J, et al., 2023. Human milk oligosaccharides modulate the intestinal microbiome of healthy adults.[J]. Scientific Reports, 13（1）: 14308.

Jastrzębska E, Wadas E, Daszkiewicz T, et al., 2017. Nutritional Value and Health-Promoting Properties of Mare's Milk-a Review[J]. Czech Journal of Animal Science, 62: 511-518.

Jenkins J A, Breiteneder H, Mills E N, 2007. Evolutionary distance from human homologs reflects allergenicity of animal food proteins[J]. J Allergy Clin lmmunol, 120: 1399-1405.

Jensen R G, 2002. The composition of bovine milk lipids: January 1995 to December 2000[J].

Journal of dairy science, 85(2): 295-350.

Jiang H, Xu X, Wang S, et al., 2025. Characterization of mammary glands and milk fat globule transcripts in lactating buffalo and goats[J]. Food Chemistry: Molecular Sciences, 100243.

Kalstad A A, Myhre P L, Laake K, et al., 2021. Effects of n-3 fatty acid supplements in elderly patients after myocardial infarction: a randomized, controlled trial[J]. Circulation, 143(6): 528-539.

Kapadiya S D, Khedkar C D, Patil A M, et al., 2016, Milk: Sources and Composition[M]. The Encyclopedia of Food and Health, 4: 741-747.

Karav S, Salcedo J, Frese S A, et al., 2018. Thoroughbred mare's milk exhibits a unique and diverse free oligosaccharide profile.[J]. Febs Open Bio, 8(8): 1219-1229.

Keeney M, Wong N, Jenness R, et al., 1988. Fundamentals of dairy chemistry[C]. New York: VanNostrand Reinhold: 3rd ed.

Kochneva E, Svetlana K, Dali V, et al., 2021. Vitamin D deficiency: a pandemic of the 21st century. Problems of standardization of diagnosis of vitamin D deficiency[J]. Voprosy dietologii, 11(1): 33-43.

Koletzko B, 2016. Human milk lipids[J]. Annals of Nutrition and Metabolism, 69(Suppl. 2): 27-40.

Končurat A, Kozačinski L, Bilandžić N, et al., 2019. Microbiological quality of mare's milk and trends in chemical composition by comparison of different analytical methods[J]. Mljekarstvo: časopis za unaprjeđenje proizvodnje i prerade mlijeka, 69(2): 138-146.

Kouba J M, Burns T A, Webel S K, 2019. Effect of dietary supplementation with long-chain n-3 fatty acids during late gestation and early lactation on mare and foal plasma fatty acid composition, milk fatty acid composition, and mare reproductive variables[J]. Animal reproduction science, 203: 33-44.

Kula J T, Tegegne D, 2016. Chemical composition and medicinal values of camel milk[J]. Int J Res StudBiosci, 4(4): 13-25.

参考文献

Laiho K, Ouwehand A, Salminen S, et al., 2002. Inventing probiotic functional foods for patients with allergic disease[J]. Annals of Allergy, Asthma & Immunology, 89(6): 75-82.

Lecerf J M, Amélie Cayzeele, Hourez L, 2007. Nutritional qualities of mare's milk[J]. Médecine et Nutrition, 43(2): 61-70.

Lee H, Padhi E, Hasegawa Y, et al., 2018. Compositional dynamics of the milk fat globule and its role in infant development[J]. Frontiers in pediatrics, 6: 313.

Leonard A N, Wang E, Monje-Galvan V, et al., 2019. Developing and testing of lipid force fields with applications to modeling cellular membranes[J]. Chemical reviews, 119(9): 6227-6269.

Li M, Ma Y, Ngadi M, 2013. Binding of curcumin to β-lactoglobulin and its effect on antioxidant characteristics of curcumin[J]. Food Chemistry, 141(2): 1504-1511.

Li N, Xie Q, Chen Q, et al., 2020. Cow, Goat, and Mare Milk Diets Differentially Modulated the Immune System and Gut Microbiota of Mice Colonized by Healthy Infant Feces[J]. Journal of Agricultural and Food Chemistry, 68(51): 15345-15357.

Lin J, Jing H, Wang J, et al., 2024. Effects of lysine and threonine on milk yield, amino acid metabolism, and fecal microbiota of Yili lactating mares[J]. Frontiers in Veterinary Science, 11: 1396053.

Linda L F, Maryanne T P, 2020. Fat and Protein Variability in Donor Human Milk and Associations with Milk Banking Processes[J]. Breastfeeding Medicine, 15(6):370-376.

Liu Z, Li N, Neu J, 2005. Tight junctions, leaky intestines, and pediatric diseases[J]. Acta paediatrica, 94(4): 386-393.

Lopez C, Ménard O, 2011. Human milk fat globules: Polar lipid composition and in situ structuralinvestigations revealing the heterogeneous distribution of proteins and the lateral segregation ofsphingomyelin in the biological membrane[J]. Colloids and Surfaces B: Biointerfaces, 83(1): 29-41.

MacGibbon A K H, Taylor M W, 2011. Phosholipids[M]. in Encyclopedia of Dairy Sciences （eds Fuquay J W, Fox P F, McSweeney P L H.）, 2nd edn, vol. 3, San Diego, CA, USA: 670-674.

Malacarne M, Martuzzi F, Summer A, et al., 2002. Protein and fat composition of mare's milk: some nutritional remarks with reference to human and cow's milk[J]. International Dairy Journal, 12（11）: 869-877.

Malacarne M, Martuzzi F, Summer A, et al., 2002. Protein and fat composition of mare's milk: some nutritional remarks with reference to human and cow's milk[J].International Dairy Journal, 12（11）: 869-877.

Maresch L K, Benedikt P, Feiler U, et al., 2019. Intestine-specific overexpression of carboxylesterase 2c protects mice from diet-induced liver steatosis and obesity[J]. Hepatology communications, 3（2）: 227-245.

Markiewicz - Kęszycka M, Czyżak - Runowska G, Wójtowski J, et al., 2015. Influence of stage of lactation and year season on composition of mares' colostrum and milk and method and time of storage on vitamin C content in mares' milk[J]. Journal of the Science of Food and Agriculture, 95（11）: 2279-2286.

Massimo M, Francesca M, Andrea S, et al., 2002. Protein and fat composition of mare's milk: some nutritional remarks with reference to human and cow's milk[J]. International Dairy Journal, 12: 869-877.

Meng F, Uniacke-Lowe T, Ryan A C, et al., 2021. The composition and physico-chemical properties of human milk: A review[J]. Trends in Food Science & Technology, 112: 608-621.

Michael L, Yvonne S, Jacklyn W, et al., 2013. Milk Spoilage: Methods and Practices of Detecting Milk Quality[J]. Food and Nutrition Sciences, 4: 113-123.

Michalski M C, 2009. Specific molecular and colloidal structures of milk fat affecting lipolysis, absorption and postprandial lipemia[J]. European Journal of Lipid Science and Technology, 111（5）: 413-431.

Milla B G, Trishla S, Johanne S, et al., 2021. Role of the gut microbiome in mediating lactose intolerance symptoms.[J]. Gut, 71（1）: 215-217.

Miraglia N, Martin-Rosset W, 2006. Nutrition and feeding of the broodmare [M]. Wageningen: Wageningen Academic Publishers, 65-88.

Misselwitz B, Butter M, Verbeke K, et al., 2019. Update on lactose malabsorption and intolerance: pathogenesis, diagnosis and clinical management[J]. Gut, 68 (11):2080-2091.

Mohan M S, O'Callaghan T F, Kelly P, et al., 2021. Milk fat: opportunities, challenges and innovation[J]. Critical Reviews in Food Science and Nutrition, 61（14）: 2411-2443.

Monti L, Cattaneo T M P, Orlandi M, et al., 2015. Capillary electrophoresis of sialylated oligosaccharides in milk from different species.[J]. Journal of Chromatography A, 1409: 288-291.

Musaev A, Sadykova S, Anambayeva A, et al., 2021. Mare's Milk: Composition, Properties, and Application in Medicine[J]. Arch Razi Inst, 76（4）: 1125-1135.

Naert L, Verhoeven G, Duchateau L, et al., 2013. Assessing heterogeneity of the composition of mare's milk in Flanders[J]. Vlaams Diergeneeskundig Tijdschrift, 82（1）: 23-31.

Navrátilová P, Pospíšil J, Borkovcová I, et al., 2018. Content of nutritionally important components in mare milk fat[J]. Dairy/Mljekarstvo, 68: 282-294.

Nayak C M, Ramachandra C T, Nidoni U, et al., 2020. Physico-chemical composition, minerals, vitamins, amino acids, fatty acid profile and sensory evaluation of donkey milk from Indian small grey breed[J]. Journal of Food Science and Technology, 57（8）: 2967-2974.

Nguyen T H, Ong L, Hoque A, et al., 2017. A proteomic characterization shows differences in the milk fat globule membrane of buffalo and bovine milk[J]. Food Biosci, 19: 7-16.

Oftedal O T, Hintz H F, Schryver H F, 1983. Lactation in the horse: milk composition and intake by foals[J]. The Journal of nutrition, 113（10）: 2096-2106.

Ontsouka E C, Albrecht C, 2014. Cholesterol transport and regulation in the mammary gland [J]. Journal of mammary gland biology and neoplasia, 19: 43-58.

Osthoff G, Hugo A, Joubert C C, et al., 2011. DSC of milk fats from various animals with high levels of medium-chain, unsaturated and polyunsaturated fatty acids[J]. South African Journal of Chemistry, 64: 241-250.

Palmquist D L, 2006. Milk fat: origin of fatty acids and influence of nutritional factors thereon[M]. In: Fox P F, McSweeney P L H (eds.) Advanced Dairy Chemistry, 2: Lipids, 3rd edn. Springer, New York, 43-92.

Parodi P W, 1979. Stereospecific distribution of fatty acids in bovine milk fat triglycerides[J]. Journal of Dairy Research, 46(1): 75-81.

Parodi P W, 2004. Milk fat in human nutrition[J]. Australian Journal of Dairy Technology, 59(1): 3.

Pecka E, Dobrzański Z, Zachwieja A, et al., 2011. Studies of composition and major protein level in milk and colostrum of mares[J]. Animal Science Journal, 83(2): 162-168.

Pieszka M, Łuszczyński J, Zamachowska M, et al., 2016. Is mare milk an appropriate food for people? – a review[J]. Annals of Animal Science, 16(1): 33-51.

Pietrzak-Fieko R, Kamelska-Sadowska A M, 2020. The Comparison of Nutritional Value of Human Milk with Other Mammals' Milk[J]. Nutrients, 12(5): 1404.

Pikul J, Wójtowski J, 2008. Fat and cholesterol content and fatty acid composition of mares' colostrums and milk during five lactation months[J]. Livestock Science, 113(2-3): 285-290.

Pindeová I F, Feher A, Prus P P M, et al., 2022. Farm Level Milk Adulteration: Changes in the Physicochemical Properties of Raw Cow's Milk after the Addition of Water and NaCl[J]. Agriculture, 12: 136.

Polychroniadou A, 2007. Handbook of Milk of Non - Bovine Mammals[J]. International Journal of Dairy Technology, 60(4): 304-305.

Pyles M B, Crum A D, Hayes S H, et al., 2021. Sampling technique affects mare milk composition[J]. Journal of Equine Veterinary Science, 100, 103538.

Raluca G, Mateescu M L, 2010. Genetic mapping of quantitative trait loci for milk production in sheep[J]. Animal Genetics, 41(5): 460-466.

Rivero M J, Cooke A S, Gandarillas M, et al., 2024. Nutritional composition, fatty acids profile and immunoglobulin G concentrations of mare milk of the Chilean Corralero horse breed[J]. PloS one, 19(9): e0310693.

Rizvi S, Raza S T, Ahmed F, et al., 2014. The Role of Vitamin E in Human Health and Some Diseases[J]. Sultan Qaboos University Medical Journal, 14(2), e157-165.

Robles M, Rousseau-Ralliard D, Dubois C, et al., 2023. Obesity during Pregnancy in the Horse: Effect on Term Placental Structure and Gene Expression, as Well as Colostrum and Milk Fatty Acid Concentration[J]. Veterinary Sciences, 10(12): 691.

Robles M, Rousseau-Ralliard D, Dubois, C, et al., 2023. Obesity during Pregnancy in the Horse: Effect on Term Placental Structure and Gene Expression, as Well as Colostrum and Milk Fatty Acid Concentration[J]. Veterinary Sciences, 10(12): 691-674.

Salamon R, Salamon S, Csapó-Kiss Z., et al., 2009. Composition of mare's colostrum and milk: I. Fat content, fatty acid composition and vitamin contents.[J]. Acta Universitatis Sapientiae: Alimentaria, 2: 119-131.

Salimei E, Chiofalo B, 2006. Asses: milk yield and composition[M]. In Miraglia N, Martin-Rosset W.(Eds.), Nutrition and feeding of the broodmare. EAAP Publication No 120. Wageningen, The Netherlands: Wageningen Academic Publishers, 117-131.

Salimei E, Fantuz F, 2012. Equid milk for human consumption[J]. International dairy journal, 24(2): 130-142.

Salimei E, Fantuz F, 2013. Horse and donkey milk[M]. In Milk and Dairy Products in Human Nutrition: Production, Composition and Health, John Wiley & Sons Ltd: Oxford, UK.

Salimei E, Park Y W, 2017. Mare Milk[M]. In Handbook of Milk of Non-Bovine Mammals (eds Park Y W, Haenlein G F W, Wendorff W L.)[M]. West Sussex: Blackwell Publishing: 369-408.

Santos W M, Gomes A C G, Nobre M S C, et al., 2023. Goat milk as a natural source of bioactive compounds and strategies to enhance the amount of these beneficial components.[J]. International Dairy Journal, 137: 105515.

Shimizu T, 2009. Lipid mediators in health and disease: enzymes and receptors as therapeutic targets for the regulation of immunity and inflammation[J]. Annual review of pharmacology and toxicology, 49(1): 123-150.

Shukla U K, Shrivastava S, 2024. Physico-chemical characteristics of goat, cow and buffalo milk[J]. International Journal of Agricultural Sciences, 20(2): 445-452.

Silvia Vincenzetti, Stefania Pucciarelli, Valeria Polzonetti, et al., 2017. Role of proteins and of some bioactive peptides on the nutritional quality of donkey milk and their impact on human health[J]. Beverages, 3(4): 34-34.

Skidan I N, Kaznacheev K S, Gulyaev A E, 2016. Cholesterol-an essential component of infant milk formulae?[J]. Voprosy Pitaniia, 85(6): 118-130.

Smiddy M A, Huppertz T, van Ruth S M, 2012. Triacylglycerol and melting profiles of milk fat from several species[J]. International Dairy Journal, 24(2): 64-69.

Smithers G W, 2008. Whey and whey proteins—From 'gutter-to-gold'[J]. International Dairy Journal. 18(7): 695-704.

Smoczyński M, Staniewski B, Kiełczewska K, 2012. Composition and structure of the bovine milk fat globule membrane—some nutritional and technological implications[J]. Food Reviews International, 28(2): 188-202.

Sudun, Wulijideligen, Arakawa K, et al., 2013. Interaction between lactic acid bacteria and yeasts in airag, an alcoholic fermented milk[J]. Animal Science Journal, 84(1): 66-74.

Tanhuanpää E, Knudsen O, 1965. Component acids of mare's milk fat. Acta Vet Scand. 6(4): 313-317.

Tultabayeva T, Chomanov U, Tultabayev B, et al., 2015. Study of fatty acids content of lipids in mare's and camel's milk[J]. Int J Chem Environ Biolog Sci, 3: 90-93.

Tuğba Özdal, Esra Capanoglu, Filiz Altay, 2013. A review on protein-phenolic interactions and associated changes[J]. Food Research International, 51(2): 954-970.

Uniacke-Lowe T, Fox P F, 2012. Equid milk: Chemistry, biochemistry and processing [M]. In Food biochemistry and food processing. West Sussex: Blackwell Publishing: 510-514.

Uniacke-Lowe T, Fox P F, 2022. Equid milk [M]. In Encyclopedia of Dairy Sciences. Amsterdam: Elsevier: 550-553.

Uniacke-Lowe T, Huppertz T, Fox P F, 2010. Equine milk proteins: chemistry, structure and nutritional significance[J]. International Dairy Journal, 20(9): 609-629.

Vahčić N, Hruškar M, Marković, et al., 2010. Essential minerals in milk and their daily intake through milk consumption[J]. Directory of Open Access Journals, 56(127): 77-85.

Van Meer G, Voelker D R, Feigenson G W, 2008. Membrane lipids: where they are and how they behave[J]. Nature reviews Molecular cell biology, 9(2): 112-124.

Vanderkelen L, Van Herreweghe J M, Michiels C W, 2023. Lysozyme Inhibitors as Tools for Lysozyme Profiling: Identification and Antibacterial Function of Lysozymes in the Hemolymph of the Blue Mussel[J]. Molecules, 28(20): 7071.

Viljoen C B, 2001. The interaction between yeasts and bacteria in dairy environments.[J]. International Journal of Food Microbiology, 69(1/2): 37-44.

Wan Z F, Khubber S, Dwivedi M, et al., 2021. Strategies for lowering the added sugar in yogurts.[J]. Food Chemistry, 344: 128573.

Wang F, Yu J, Wang L, et al., 2023. Fatty acids and their sn-2 positional distribution in breast milk and their association with edible oils in maternal diet: a study of five regions in China[J]. Food & Function, 14(12): 5589-5605.

Wang L, Li X D, Liu L, et al., 2020. Comparative lipidomics analysis of human, bovine andcaprine mik byUHPLC-Q-TOF-MS[J]. Food chem, 310: 125865.

Watson H, Mitra S, Croden F C, et al., 2018. A randomised trial of the effect of omega-3 polyunsaturated fatty acid supplements on the human intestinal microbiota[J]. Gut, 67(11): 1974-1983.

Watson T D G, Burns L, Packard C J, et al., 1993. Effects of pregnancy and lactation on plasma lipid and lipoprotein concentrations, lipoprotein composition and post-heparin lipase activities in Shetland pony mares[J]. Reproduction, 97(2): 563-568.

Wei W, Jin Q, Wang X, 2019. Human milk fat substitutes: Past achievements and current trends [J]. Progress in Lipid Research, 74, 69-86.

Wiking L, Stagsted J, Björck L, et al., 2004. Milk fat globule size is affected by fat production in dairy cows[J]. International Dairy Journal, 14(10): 909-913.

Williams A, Ramsden D, 2005. Nicotinamide: A double edged sword[J]. Parkinsonism & Related Disorders, 11(7): 413-420.

Wlodarczyk-Szydtowska A, Gniazdowski A, Gniazdowski M, et al., 2005. Lactation ofmare and behaviorism of foal(in Polish)[J]. Zycie Wet, 80: 548-551.

Wu J R, Ding R X, Qi S Y, et al., 2023. *In vivo* immunomodulatory alleviating effects of animal milk oligosaccharides on murine NEC: a study.[J]. Food Bioscience, 53: 102643.

Wu K, Gao R, Tian F, et al., 2019. Fatty acid positional distribution(sn-2 fatty acids) and phospholipid composition in Chinese breast milk from colostrum to mature stage[J]. British Journal of Nutrition, 121(1): 65-73.

Yao Y, Zhao G, Xiang J, et al., 2016. Lipid composition and structural characteristics of bovine, caprine and human milk fat globules[J]. International Dairy Journal, 56: 64-73.

Zamberlin I, Antunac N, Havranek J, et al., 2012. Mineral elements in milk and dairy products[J]. Mljekarstvo, 62(2): 111-125.

Zeleňáková L, Židek R, Čanigová M, et al., 2010. Evaluation of elisa method to detection of cow β-lactoglobulin in sheep milk and sheep milk products[J].Potravinarstvo Scientific Journal for Food Industry, 4(4): 80-84.

Zhang X Y, Yang H B, Zheng J P, et al., 2021. Chitosan oligosaccharides attenuate loperamide-induced constipation through regulation of gut microbiota in mice[J]. Carbohydrate Polymers, 253: 117218.

Zidi A, Fernández-Cabanás V M, Urrutia B, et al., 2010. Association between the polymorphism of the goat stearoyl-CoA desaturase 1(SCD1) gene and milk fatty acid composition in Murciano-Granadina goats[J]. Journal of Dairy Science, 93(9): 4332-4339.